不经历风雨怎么见彩虹

培养抗逆力走过坎坷

主编 拾 月
编著 张玲玲

图书在版编目(CIP)数据

不经历风雨 怎么见彩虹:培养抗逆力走过坎坷/张玲玲编著. -- 北京:现代出版社, 2015.4
ISBN 978-7-5143-3529-3

Ⅰ.①不… Ⅱ.①张… Ⅲ.①成功心理-青少年读物
Ⅳ.①B848.4-49

中国版本图书馆 CIP 数据核字(2015)第 067789 号

不经历风雨 怎么见彩虹:培养抗逆力走过坎坷

主　　编　拾　月
编　　著　张玲玲
责任编辑　王敬一
内文制作　诚美天下文化传播有限公司
出版发行　现代出版社
地　　址　北京市安定门外安华里 504 号
邮　　编　100011
电　　话　(010)64267325
传　　真　(010)64245264
邮　　箱　xiandai@cnpitc.com.cn
网　　址　www.1980xd.com
印　　刷　三河市华晨印务有限公司
开　　本　700mmx1000mm　1/16
印　　张　9
版　　次　2015 年 5 月第 1 版　2021 年 3 月第 3 次印刷
书　　号　ISBN 978-7-5143-3529-3
定　　价　29.80 元

前言

每个青少年，都是这个社会中最宝贵的财富，正所谓“少年强则国强”，大至一个民族、一个国家，小至一个家庭、一个家族，都应重视青少年的教育问题。除此之外，也应该重视青少年在这个青春期里，是否能够感受到人世间的善、恶、美、丑。在每个人的人生中，除了需要自身独特的性格之外，还需要拥有感受世界的能力。

人格力、吸引力，能够打造专属个人的名片，扩展人生的宽度。

创新力、竞争力，能够修炼出独特的品性，散发阳光般的魅力。

自控力、成功力，能够时刻反省自身，不脱离人生正常的轨道。

抗逆力、执行力，能够修炼强大内心，提升自身领导能力。

行为、幸福，能够改变一个人的状态，抓住微小之间的幸福。

青春，是每一个人最美好的一段时光，也是每个人人格、性格定型的重要阶段，在这个时期，我们需要享受青春的快乐，同时也需要完成自我塑造。通过心理自助，最终从一个小男生、小女生逐渐成长为一个有着健全人格的人，成长为一个对社会、对家庭、对自我有着相对完整认知的人，成长为能够为自己的未来做主的人。这才是一个最充实、最有价值的青春。每个梦想都值得我们认真对待，每个青少年都是未来的希望。在青春之中，我们不仅要有欢乐，同时也要拥有未来！

本丛书是你化解烦恼的“心灵鸡汤”，可以给你增加快乐的心理自助法则；本丛书会让你认识到：掌控心理，方能掌控世界；改变自己，才能改变一切。本丛书还将告诉你：只有实现积极的心理自助，才能收获快乐而充实的青春。

目录

第一篇 直面挫折，生命中成长的一课

第二篇 释放压力，沐浴心灵的春雨

第三篇 自我鞭策，不给自己放松的机会

目录

第四篇 绝处逢生，置之死地而后生

第五篇 积极心态，为心灵披上五彩霞衣

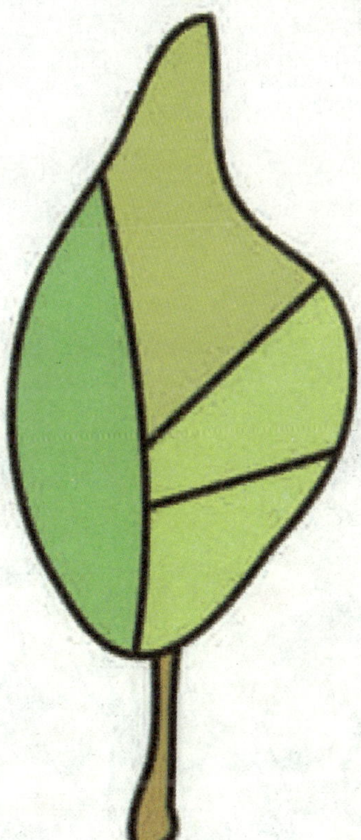

第一篇

直面挫折，生命中成长的一课

成熟者的可贵之处在于使自己成为自己的主人，不再受人和自我感觉的随便奴役。有人希望在成长的过程和人生的旅途中一帆风顺，然而，岂不知那几经的挫折、几番的失败，甚至是痛苦的教训，都是使你成熟起来不可缺少的经历。不经一事，难长一智，只有磨难和经历才是对你最有益的东西。

成长代价，失败是成功之母

故事话题

倪萍，1990 年调入中央电视台任《综艺大观》专业主持人，于当年开始连续主持了 13 届春节联欢晚会，红极一时。但她在事业开端时，遭遇过一次重大的挫折。

1993 年 9 月，《 综艺大观 》栏目组专门为几对金婚的老年朋友举办了一期节目，他们都是我国各行各业卓有成就的科学家，其中有一位是我国第一代气象专家。在直播现场，倪萍把话筒递到这位老科学家面前时，他顺势接了过去。

这个看似自然平常的动作对于直播中的主持人来说却是致命的，意味着失职。因为没有了话筒，现场的局面就无法控制。

“我首先感谢今天能来到你们中央气象台！”老专家第一句话就说错了，全场观众大笑。倪萍伸出手去，想把话筒接回来，但老专家躲开了。后来倪萍又两次伸出手去，但老专家还是没给。于是，屏幕上出现了倪萍和老专家来回夺话筒的情况。台下的导演急得一个劲的打手势，倪萍更是浑身出汗。

那时候，《综艺大观》是中央电视台的王牌节目之一，收视率很高，所以，直播结束后，不少观众来信批评倪萍：“你不应该和老科学家抢话筒，要懂得尊重别人……”

倪萍没有推脱责任，主动承担了这次失误，认真地检讨了自己。她仔细反复研究整个事件，找到了经验教训，从而在之后的工作中彻底杜绝了这种失误，不断成功。

故事解析

倪萍的成功是不惧失败的结果，她能够以巨大的勇气和积极的态度来应对失败，在失败中顽强地成长，成为自身更加完善的强者。

要想实现自己的人生价值，每个人都不可避免地会遭遇各种各样的失败。在面临失败时，绝不能被失败打倒。相反，人要将失败踩在脚下，把失败当作自己走向成功之路的踏脚石。

“成功只属于生活的强者！”而要做生活的强者，获得事业上的成功，必须战胜人生道路上的艰难险阻，克服各种各样的挫折与失败。

人的一生绝不可能是一帆风顺的，有成功的喜悦，也有扰人的烦恼；会经历波澜不惊的坦途，更有布满荆棘的坎坷与险阻。在挫折和磨难面前，畏缩不前的是懦夫，奋而前行的是勇者，攻而克之的是英雄。唯有与挫折作不懈抗争的人，才有希望看见成功女神高擎着的橄榄枝。

故事穿越

柳公权小的时候字写得很糟，常常受老师和父亲的训斥。他很要强，下决心一定要练好字。经过一年多的日夜苦练，他写的字大有起色，和年龄相仿的小伙伴相比，公权的字已成为全村最拔尖的了。

一天，柳公权和几个小伙伴在村旁的老桑树下写字比赛。一位卖豆腐脑的老翁看了他的字，认为不是他看过的作品中最好的，建议他去华原城看看。

柳公权赶到华原城，一进南城门，见北街一棵大槐树下挂着个白布幌子，上写"字画汤"三个大字，字体苍劲有力，笔法雄健潇洒。树下围了许多人，他挤进人群一看，不禁目瞪口呆。

只见一个黑瘦的畸形老头，没有双臂，赤着双脚坐在地上，左脚压住铺在地上的纸，右脚夹起一支大笔，挥洒自如地写对联。他运笔如神，笔下的字迹龙飞凤舞，博得围观看客们阵阵喝彩。

小公权"扑通"一声跪在字画汤面前，要拜他为师。经他一再苦苦哀求，字画汤才写了一副字送给他：写尽八缸水，砚染涝池黑；博取百家长，始得龙凤飞。老人告诉他："这就是我写字的秘诀。我自小用脚写字，风风雨雨已练了50多个年头了。我家有个能盛八担水的大缸，我已用尽了八缸水。家外一个半亩地大的涝池都染黑了。"

柳公权深深地谢过字画汤，自此，发愤练字。他广泛学习名家前辈，效法自然，终于成为我国唐代著名的书法家。

故事微语

柳公权原来的字写得并不好，但他不甘于落后，积极克服，虚心接受意见，最后成为书法家。

人生如行船，有顺风顺水的时候，自然也有逆风大浪的时候。这就要看掌舵的船夫是不是高明了，高明的船夫会巧妙地利用逆风，将逆风也作为行船的动力。

人生、事业的发展也一样。如果你能始终以一种积极的心态去对待你人生中可能遇到的“逆风大浪”，并对其加以合理的利用，将被动转化为主动，那么，你就是人生征途上高明的舵手。

挫折是弱者的绊脚石，却是强者成功的起点。要想成功，就必须做生命的强者。

心灵箴言

人的聪明和自己的明智及道路的选择，往往在失败以后。

——贾曦光

我主要关心的，不是你是不是失败了，而是你对失败是不是甘心。

——[美] 林肯

失败对我们是有好处的，我们得祝福灾难，我们是灾难之子。

——[法] 罗曼·罗兰

一个人的希望越大，他的遭遇失败的机会也许就越多，就跟一个人走的路越长，踢着的石子会越多一样。

——黄茵

肩负责任，天大地大，责任心最大

故事话题

曾经有位年轻的律师，因为遭遇挫折而陷入了极度的消沉和忧郁之中。他的朋友把他能接触得到的小刀和刀片都拿走了，因为怕他万一想不开而自杀。

这位年轻的律师，后来竟成了美国历史上最伟大的总统之一——他就是林肯。其实上面提到的这点痛苦在林肯的一生中，只能算冰山一角，他的一生可谓都在与苦难和不幸搏斗。

林肯出身贫寒，幼年丧母，穷困到没有钱上学。但他从不放松对自己的要求。21 岁那年，他在一家商店里当雇员。一天，一位老妇人来买纺织品，由于一时大意，他多收了老妇人 12 美分。发现后已经是晚上，他坚持赶了 6 英里的路，将多收的钱还给了老妇人。 23 岁时，林肯与他人合资做生意，结果公司倒闭，债台高筑。林肯本可以钻个法律空子赖账，但他坚持自己还债，经历了 14 年的负债生活，终于还清了债务。

从 25 岁起，林肯就开始竞选公职，却一次又一次输掉了重大的竞选。1860 年，林肯竞选美国总统并最终获胜。他将当时的政治精英都纳入麾下，其中四人原是总统候选人，他们对林肯的当选都不服气。但林肯以自己伟大的人格逐渐征服了他们。

林肯出任总统不到一个月，南北方就开始交战。他任命格兰特将军为联邦军总司令，北军战胜了南军，奴隶制被废除，林肯再次当选总统。第二年被奴隶主义狂热者刺杀，享年 56 岁。

故事解析

林肯的人生之路可谓坎坷艰难，在他的一生中，任何一次挫折都足以让他沉沦，失去斗志，可他从来都没有因为失败而放弃，强烈的使命感、责任心让他屡败屡斗，最终成为伸张正义的英雄。

心怀坚定的理想信念和价值追求，并把自己的理想追求与社会的整体利益、集体的共同目标融于一体，才会表现出强烈的责任感。林肯就是这样的人，他始终站在劳苦大众的立场，把自己的奋斗与人民的利益紧密结合，具有无比的责任心。无上的责任心让他历经坎坷而不倒，坚持进取，既成就了自己也受到人民崇高的敬仰。

责任心会促使人在面临艰难险阻时，主动承担，检讨自己，纠正错误，很快平复内心，保持积极的心态、坚定的信心，勇于接受任何挑战。

责任感让人敏锐，更敏锐地把握成长机会、发展机遇，从而更好更快地完成既定任务、实现预期目标。

故事穿越

19世纪中叶，英国资本主义工业发展很快，包括棉纺业。当时的布拉泽公司生产的纺织品受到全世界的欢迎，这引起了日本同行的注意。

布拉泽公司位于一条热闹的大街旁。每到中午，公司的职员和工人们都到对面唯一的餐馆吃午饭。

不久，这家餐馆附近新开了一家日本餐馆，不仅价格便宜，而且味道鲜美，服务态度极佳。时间一长，即使英国人惯于守旧也渐渐转移了阵地，甚至一些高级工程师也慕名而来。

几年后的一天，这家餐馆突然宣布因为亏损倒闭，布拉泽公司的员工们都深感惋惜。这些日本人“无钱回国”，恳请顾客们为他们说情，谋求职业，以便筹集路费。

那些曾经受到“特殊照顾”的高级职员都极力向公司推荐，公司不得不松口了。但是规定所有进厂工作的日本人不许进车间，只能在外面做粗装工，只要一到车间门口，就由英国人接过去。

经过一个时期的紧张观察，公司管理人员发现这些日本人忠实可靠，干活卖力，并无任何可疑之处，再加上往日的“交情”，警戒慢慢就消除了。很快，这些日本人不仅能自由进出各车间，有些还被安排在技术部门工作。

实际上，这些日本人都是国内第一流的纺织专家，他们一边默默地工作，一边把英国纺织机的先进设备部件、结构及作用等，都牢牢记在心里，带动日本的纺织工业有了一个飞跃。

故事微语

日本人擅于学习的特点是闻名的，其中蕴含着他们对国家、民族更快、更好发展的深重的责任心。他们采用的手段未必光明，但是，这种出于国民进步大义而不顾一切的精神应该肯定。

责任的最终目标就是要又好又快地完成肩负的任务使命；目标任务又好又快的完成过程，体现的就是责任感保障下的执行力。执行力的强弱因人而异、因时而变，影响因素各种各样、方方面面，但是作为执行力的根本主体，人是影响执行力第一位的因素。而每个人在完成任务使命过程中责任感的强弱，又是保障执行力的一个基础和关键。一个人如果责任感增强一分，就会在工作效率上快一拍，团队的步调就能先一步；就会在工作方法上新一着，推进的过程就能顺一点；就会在工作品质上提一筹，成果的质量就能高一等。

心灵箴言

做好每一件该做的事就是责任。

——王爱珍

自由的第一个意义就是担负自己的责任。

——阿来

责任心就是做任何事所需的一种平常而力求完美的心态。

——龚靖赟

真正进步的人决不以“孤独”“进步”为己足，必须负起责任，使大家都进步，至少使周围的人都进步。

——邹韬奋

积累经验，成功路上的收获

故事话题

跳远的世界纪录曾保持了漫长的23年，打破纪录的人是迈克·鲍威尔。上大学时，他曾是跳高运动员，二年级转为跳远。当时，他的最好成绩远远低于由比蒙创造的世界纪录。

鲍威尔在运动场上征战了11年，在全美冠军赛上，仅以一厘米之差，遗憾地输给了第65次获得跳远冠军的卡尔·刘易斯。

接着，在东京国际竞技场世界田径男子跳远的比赛中，刘易斯与鲍威尔再次展开了角逐。第四个回合的跳跃中，起初，刘易斯乘胜追击，以8.91米的成绩，超过当时的世界纪录一厘米。刘易斯振臂高呼，确信自己已经稳操胜券，可以第66次夺得冠军。

然而，鲍威尔在第五次试跳中，跃过了8.95米的距离，打破了保持23年之久的世界纪录。

鲍威尔知道这个成绩后，绕着比赛场地狂奔一周，全身上下洋溢着成功的喜悦，他大口地喘着气，表述了他打破刘易斯神话的激动和兴奋。他在后来接受记者采访时说：“谁都知道刘易斯是不可战胜的，但是我当时没有多想，只是一心想要拿冠军，不管是谁挡在我面前，我都想超越他。事实证明，一切都是有可能的，没有谁不能战胜。”

故事解析

鲍威尔在强大对手面前正常发挥，直取胜利，要得益于他多年经验的积累。他做职业运动员 11 年，中间有不可计数的训练、比赛，他一直在积淀经验、吸取教训，日趋进步，终于一朝得胜。

爱默生说过：“我们的力量来自我们的软弱，直到我们被戳、被刺，甚至被伤害到疼痛的程度时，才会唤醒包藏着神秘力量的愤怒。伟大的人物总是愿意被当成小人物看待，当他坐在占有优势的椅子中时会昏昏睡去，当他被摇醒、被折磨、被击败时，便有机会可以学习一些东西了；此时他必须运用自己的智慧，发挥他的刚毅精神，他会了解事实真相，从他的无知中学习经验，治疗好他的自负精神病。最后，他会调整自己并且学到真正的技巧。”

成功者与失败者最大的不同，就在于前者珍惜失败的经验，他们善于从失败中吸取教训，寻找新的方法，反败为胜，获得更大的胜利。

学会从失败中获取经验，你就会获得最后的成功。

故事穿越

契诃夫是世界三大短篇小说家之一，俄国 19 世纪末期最后一位批判现实主义艺术大师。他出身农奴，一生都努力拼搏，不断进取。

1879 年，契诃夫因获奖学金，得以进入莫斯科大学医学系。1880 年，由于家境困难，他开始以文学记者的身份为一些幽默刊物撰稿，就这样开始了文学生涯。这些搞笑作品艺术价值不是很高，但可读性很强。作品数量很多，让他小有名气，也引起了一些著名作家的关注。

1883—1885 年，他创作并发表了《小公务员之死》《凡卡》《迷路的人》《变色龙》等短篇小说名篇，奠定了在俄国文坛的地位。1884 年大学毕业，获得医学学士学位和行医执照。他给自己定位："医生是我的职业，写作只是我的业余爱好。"当年，他出版了第一本书《墨尔波墨涅的故事》。该书的出版坚定了他文学创作的决心。

1886 年，一个同行前辈写了一封信鼓励他，契诃夫深受启发，开始以严肃的态度对待写作。1888 年，中篇小说《草原》发表，标志他告别了喜剧性小说的创作，形成了成熟的风格，被俄国科学院授予"普希金奖金"。

1890 年 7 月到 9 月，契诃夫只身一人来到政治犯流放地库页岛进行实地考察，对现实有了更进一步的认识，改变了不问政治的心态。随后著述的著名中篇小说《第六病室》在保留高超的艺术性基础上，具有了更强烈的社会性、批判精神和民主精神。列宁年轻时读了这部作品后"觉得可怕极了"，受到极大震动。

故事微语

契诃夫在不幸的命运中顽强奋斗，为了更加美好的生活不断进取。因为他擅于积累经验，所以能够一步步成长、成熟，直至成为伟人。渴望成功的人总在行动，一次次小行动带来大行动，一次次小成功带来大成功。坚持梦想意味着重复相同的行动，在一次次的努力中汲取经验、教训，彻底杜绝错误，运用好的经验，因此，看似重复的行动总有细微的不同，无数次的不同就能积累为成功、创新。

重复是自然界的一项基本规律，遗传、对称、轨道、韵律，其本质都是重复。人类历史也是重复，过去发生的事今天会重演，今天上演的事今后还要发生，你遇到的事也都是别人遇到过的事，否则经验没有意义，历史可以毁弃。

人一生中95%都是重复性动作，不能重复也就不存在创造，创造的意义就是它的可重复性。坚持行动，积极思索，步步为营。

心灵箴言

经验包涵着珍贵的学问。

——英国谚语

挫折和不幸是人的晋身之阶。

——[法] 巴尔扎克

经验，制造一切未来；经验，是所有过去的成果。

——[美] 阿诺得

经验并非发生在人们身上的事情，而是人们利用所发生的事而做的事情。

——[英] 赫胥黎

磨练自己，风雨之后见彩虹

故事话题

1933 年 1 月，希特勒出任德国总理。他一上台就发布第一号法令，把犹太人比作“恶魔”，叫嚣着要粉碎“恶魔的权利”。不久，哥廷根大学接到命令，要辞退所有纯犹太血统的人。教授爱米·诺德，时年 51 岁，她主持的讲座被迫停止，微薄的薪金也被取消。这位学术上很有造诣的女性，面对困境，却心地坦然，因为她一生都是在逆境中度过的。

诺德生长在犹太籍数学教授的家庭里，从小就喜欢数学。1903 年，21 岁的诺德考进哥廷根大学，学生时代就发表了几篇高质量的论文，25 岁便成了世界上屈指可数的女数学博士。

诺德在微分不等式、环和理想子群等的研究方面做出了杰出的贡献，但由于当时妇女地位低下，在大数学家希尔伯特的有力支持下，她才获得正规职称。

诺德热爱数学教育事业，善于启发学生思考。她终生未婚，但因与学生交往密切，和蔼可亲，她的学生都被人们称为“诺德的孩子们”。我国代数学家曾炯之就是诺德“孩子”们中的一个。

诺德被迫离开哥廷根大学后去了美国，同样受到学生们的尊敬和爱戴，1934 年 9 月，美国设立了以诺德命名的博士后奖学金。

不幸的是，不到两年，诺德便死于外科手术，终年 53 岁。爱因斯坦在《纽约时报》发表悼文说：“根据现在的权威数学家们的判断，诺德女士是自妇女受高等教育以来最重要的富于创造性的数学天才。”

故事解析

作为一名犹太人，诺德是在逆境中成长、生活的。她饱经磨练，在人生的风雨中坚强走过，见证了自己生命的绚丽彩虹。

生于苦难，顽强存活，甚至不断追求卓越，就是对自己生命意志的磨练。悲惨的事情和痛苦的境况是一所培养成功者的学校，它可以使人神志清醒，遇事慎重，改变举止轻浮、冒失逞能的恶习。上帝之所以将如此之多的苦难降临到世上，就是想让苦难成为智慧的训练场、耐力的磨炼所、桂冠的代价和荣耀的通道。

与苦难搏击，会激发你身上无穷的潜力，锻炼你的胆识，磨炼你的意志。也许，身处苦难之时，你会倍感痛苦与无奈，但当你走过困苦之后，你会更加深刻地明白：正是那份苦难给了你人格上的成熟和伟岸，给了你面对一切无所畏惧的勇气。

故事穿越

张治中将军小时候曾在肥西丰乐河镇做学徒工，镇上主持私塾的李先生是他的启蒙老师。过了7年，又拜洪子远先生为师。

张治中从洪先生读书的程序与一般不同，是先从难的书读起，先从《诗经》《书经》《易经》读起，回过来再读“四书”。背书的方式，也与一般不同，五经、四书整本整部地背。连“朱注”都要一齐背。那位叔舅父教学认真，督责极严，张治中虽有很强的悟性和记忆力，也得要苦读，苦背。

洪先生备有一块厚厚的木板，偶然懒一下，无情的板子刷地一响就落到头上，往往头破血流。至于罚跪，打手心，罚一顿不吃饭，几乎成为当时私塾的一般风气，毫不稀奇。

张治中在洪家疃前面冈上梨园读书的时候，只有三个同学住在私塾里面，共同“起伙”，即三个人共同出米煮饭，但是各人吃各人的菜。身为穷孩子的张治中，每顿总是吃小菜饭。

张治中曾经满身生了疥疮，有人说：“吃猪油蒸红枣，可以健脾，疮可以好。”母亲听了后黯然地说：“饭都吃不周全，哪能有什么猪油蒸红枣！”

一块木板上垫着稻草，上面复着一床烂棉絮，那就是张治中的床。热天只有一顶稀烂的帐子，大孔小孔，补了又补。

那两个同住在一起的同学，虽然家道小康，但念书总赶不上张治中，以后也没有什么成就。张治中后来成了一位著名的爱国将军。

故事微语

张治中将军在磨练中长大，练就出超强的能力与饱腹才华，成为一代英豪。

连遭厄运的人应当牢记：不论在生活中碰到怎样的厄运，都不意味着你命里注定永无出头之日。只要你顺势而为，运气时时都会光临，不间断地连遭厄运毕竟比较少见。生活中的机遇并非一成不变地向我们走来，它们像脉冲一样有起有伏，有得有失。每当人们坐在一起相互安慰时总是说黑暗过后必有黎明，这才是隐匿在生活中的真谛。一个生命的强者，会把各种挫折和厄运当作另一个起点。

如果你要选择成功，那么，你同时要选择坚强。因为一次成功总是伴随着许多失败，而这些失败从不怜惜弱者。没有铁一般的意志，你就不会看到成功的曙光。生活告诉我们，怯懦者往往被灾难打垮、吓退，坚强者则大步向前。

苦难是人生的试金石。要想取得巨大的成功，就要先懂得承受苦难。在你承受得住无数的苦难相加的重量之后，才能承受成功的重量。

心灵箴言

胜利属于坚韧不拔的人。

——英国谚语

顽强能引导人们走向幸福。

——土耳其谚语

与其责难机遇，不如责难自己。

——[英] 莎士比亚

生活就像海洋，只有意志坚强的人，才能到达彼岸。

——[德] 马克思

从头再来，哪里跌倒哪里站起来

故事话题

西娅曾在维伦公司担任高级主管，待遇优厚。但是，突然不幸的事情发生了，为了应对激烈的竞争，公司开始裁员，而西娅也在其中。那一年，她 43 岁。

学生时代的西娅一直表现不错，但没有哪一项特别突出。后来，她开始从事市场销售，做得很顺手。在 30 岁的时候，她加入了维伦公司，担任高级主管。

做着擅长的工作，处于不错的职位，她的生活开始变得安逸，原地踏步，不想会在不惑之年失业。她真切地感到迎面被狠狠地一记重拳猛击，让她脚步踉跄，无法站立，无颜见人。

她不能接受自己失业的事实，躲在家里，不敢出门。因为每当看到忙碌的人们，她都会觉得自己没用，脾气变得越来越坏，孩子们越来越怕她。周围一片灰暗，看不到一点希望。但就在这时，转机出现了。

"一个月后，一个出版界的朋友询问我，如何向化妆业出售广告。这是我擅长的东西。我重新找到了自己的方向：为很多上市公司提供建议，出谋划策。"

两年后，西娅已经拥有了自己的咨询公司，成了一个老板，收入自然也比以前多了很多。

"被裁员是一件糟糕的事情，但那绝不是地狱。也许，对你来说，可能还是一个改变命运的机会，比如现在的我。重要的是对它如何看待，我记得那句名言：世界上没有失败，只有暂时的不成功。"西娅真诚地说。

故事解析

现代社会竞争日趋激烈，裁员已经是很普通的经营管理方法。如果没有敏锐的先见之明，就会像西娅一样，遭逢裁员时陷入困境。但西娅很幸运，她遇到了很好的机会，让她很快走出逆境，依靠自己的努力取得了更好的发展。

很多刚刚步入社会的年轻人，由于自身的经验、才能都尚在成长之中，情绪容易受外界影响，加上社会上竞争激烈，各个用人单位对人才的要求不尽相同，面试遭淘汰，或者工作不适被辞退，这都是很正常的事情，我们不必为此耿耿于怀。只要我们相信自己，时刻提起精神，终会有“柳暗花明又一村”的新景象等待着我们。因为当生活把苦难带给我们时，其实又给我们推开了一扇窗，所以事情并没有你想象的那么糟。让我们学着用积极的态度去面对苦难，在苦难中学习，在苦难中成长。当越过苦难，这个过程就变成一生弥足珍贵的记忆。

像西娅那样，即使被单位解聘淘汰了也不用计较，面对新的机遇，从头再来，只要自己积极应对，命运只能越来越好。

故事穿越

鹰，一直以矫健雄强、盘旋高空让人类敬仰。一提到它，很多人都会说鹰是鸟类，视力很棒，经常翱翔于天际，捕捉猎物的速度可谓迅雷不及掩耳。但或许很少有人知道，鹰的生命之旅会经历一次难以想象的蜕变。

鹰是世界上寿命最长的鸟类，它可以活到70岁。然而长寿并非一帆风顺，因为它在40岁时，必须做出艰难但却极其重要的选择。

老鹰年满40岁时，爪子开始老化，无法再像以前一样，迅猛地捕获猎物。特别是它的喙变得又长又弯，几乎碰到胸部，成为累赘。而它的翅膀变得十分沉重，因为翅膀上的羽毛已经长得又浓又厚，飞翔起来十分吃力。

这时，鹰只有两种选择。第一，等死；第二，经过一个十分痛苦的蜕变过程，获得新生。鹰选择了后者，于是它必须面对150天的蜕变期，承受地狱般的折磨。

首先，它必须很努力地飞到山顶，在悬崖上筑巢，然后停留在那里。接着用自己的喙击打岩石，直到喙完全松动、脱落，随后静静地等候新的喙长出来。

过了这一关，鹰仅仅是拥有了新的利嘴，但无力的爪子却无法让它继续捕猎。因此它会用新长出的喙把指甲一根一根拔出来。当新的指甲长出来后，它们再把羽毛一根一根拔掉。5个月后，新的羽毛长出来了，老鹰开始再次飞翔，继续它的捕猎生涯。

故事微语

鹰在人类的描述中总是被神化为天鸟，它的荣誉绝不是浪得虚名，而是来自自己生命历程中劫难重生般的规律演变。能够经历这样毁灭性灾难获得新生，其生命具有着怎样的伟大与坚韧！

在人的成长中同样会有出乎预料的艰难关隘，做一个抗逆的人，就是能率真地面对自我，素心为人，侠义交友；就是能品行如修竹傲立，操履严明、守正不阿；就是能做到才华应韫，德居人前，利在人后。因为抗逆，拥有自尊，因为抗逆，拥有自信。

“天生我材必有用”，不如天生我材自己用，社会不残酷不足以激发我们的生命力，竞争不激烈不足以显示我们的战斗力。

心灵箴言

坚强者能在命运之风暴中奋斗。

——英国谚语

顽强，这就是作家技能的秘密。

——[美] 杰克·伦敦

伟大人物最明显的标志，就是坚强的意志。

——英国谚语

通向成功的路就是把你失败的次数增加一倍。

——[美] 沃特

第二篇

释放压力，沐浴心灵的春雨

每个人都会面对压力。压力不会影响内在的自我，压力的存在除了说明你是自然人之外，并不说明你自身的任何问题。但是，如果压力伤害到你，你可以制止。对自己负责，坚持压力管理，保持愉快的心态，你将看到前路的灿烂阳光。

不强求，柳暗花明又一村

故事话题

相传康熙年间，安徽青年王致和赴京应试落第后，决定留在京城，一边继续攻读，一边学做豆腐以谋生。可是，他毕竟是个年轻的读书人，没有做生意的经验。夏季的一天，他所做的豆腐剩下不少，只好把豆腐切块用小缸腌好。但日子一长，他竟忘了有这缸豆腐，等到秋凉时想起来了，腌豆腐已经变成了“臭豆腐”。

王致和十分恼火，正欲把这“臭气熏天”的豆腐扔掉时，转而一想，虽然臭了，但自己总还可以留着吃吧。于是，就忍着臭味吃了起来，然而，奇怪的是，臭豆腐闻起来虽有股臭味，吃起来却非常香。

于是，王致和便拿着自己的臭豆腐去给自己的朋友吃。好说歹说，别人才同意尝一口，没想到，所有人在捂着鼻子尝了以后，都赞不绝口，一致公认此豆腐美味可口。

王致和借助这一错误，改行专门做臭豆腐，生意越做越大，影响也越来越广，最后，连慈禧太后也慕名前来尝一尝美味的臭豆腐，对其大为赞赏。

从此，王致和臭豆腐身价倍增，还被列入御膳菜谱。直到今天，许多外国友人到了北京，都还点名要品尝这所谓“中国一绝”的王致和臭豆腐。

故事解析

为了世俗的功名，王致和自己在京城过着惨淡的备考生活，可以想象心境之凄凉，在“臭豆腐”被肯定之后，他毅然把这份偶然的成功发展为自己的终生职业，摆脱了拥挤功名独木桥的痛苦，拓展出全新天地。

一个人要想改变自己的命运，必须首先改变自己的视角，转变自己的心境，多往好的一面想，心情也就自然放松许多。

情绪正是这样，它只是需要一个转移的时间，就可以得到完全的解脱。

明智的人会接受感觉不可避免的更迭，当他们感到沮丧、生气或紧张时，也用同样的开阔和智慧来对待。他们不会因为感觉不好就对抗这些情绪，或感到恐慌，反而自在地接纳了这些情绪，知道这些终会过去。这种做法让他们可以温和而优雅地离开负面情绪，进入心灵的正面状态。

情绪的转向归根到底要取决于产生情绪的行为、态度的转变，只有这些先转变了，作为它们产物的情绪才会转变。

故事穿越

美国著名的园艺师阿尔伯特读小学时，老师专门找到他的父母说："你孩子的智力测验结果证明，他不适合再待在学校里了。"于是他只好待在家里，每天在后院与花草为伍。

17岁那年，阿尔伯特经过市政厅前，发现有一块空地长着杂草，于是主动找到负责人说："把这块空地交给我来打理吧，我不要一分钱！"负责人想这块地反正也一直空着，就交给他吧。于是阿尔伯特拿起工具，将整个草坪整修一新。

某天，市政厅召开会议，很多政治名人到场，其中不少人都对这块"园林艺术"表示了浓厚的兴趣，并且认为这一定是出自大师的手笔。可当阿尔伯特出现在人们的视线中时，谁也没有想到，原来这个园艺作品竟然是一个未成年人的处女作，而且他居然连小学都没有毕业。

此后，阿尔伯特开始正式接触园林艺术，并且凭借自己惊人的天赋，创作了一个又一个园艺杰作。尽管他学历不高，甚至智商都存在问题，但是谁也无法抹杀他在园艺上的杰出才能。

阿尔伯特在接受采访时说："我知道有人总在拿我的智力当笑柄，但是我绝对相信，这是上帝的精心安排。假如我是一个聪明人，或许早已因为自负而变得平凡，上帝给我的天赋岂不早被埋没了吗？"

故事微语

因为智力受到鄙弃的阿尔伯特并没有抱怨自己的命运，他保持坦然、平和的内心，把自己的精力转移到自己力所能及的事务上，同样取得了优秀的成绩。

许多人常常过多地把他们的注意力、精力放在那些使他们痛苦不堪的思想上，以致情绪总是郁郁不振。也有很多情商很高的人，他们虽然也会犯错误，但他们的高明之处就在于不拘泥于已有的事实，而把目光投向如何解决、如何改善现状这些有建设性的目标上，所以他们的情绪相对而言都较稳定、积极。

情绪的不稳定性决定了情绪的到来往往会使我们感到十分意外，甚至备受打击，但是也会很容易转移出去，只要我们找到一个恰当的转移点。

我们虽无法控制灾难，但我们能控制自己。从某种意义上看，人是通过控制自己，才控制了他的整个世界。

心灵箴言

每一种挫折或不利的突变，都带着同样或较大的有利的种子。

——[美] 爱默生

自然就好，开心的时候就笑，难过的时候就哭，别勉强自己，顺其自然吧。

——[日] 矢野浩二

求乐的人生观，才是自然的人生观，真实的人生观。我们应该顺其自然，立在真实上，求得人生的光明，不可陷入勉强虚伪境界，把真正人生都归于幻灭。

——李大钊

我有“六然”“四天”。“六然”是凡事顺其自然、遇事处之泰然、得意之时淡然、失意之时坦然、历经曲折必然、沧桑过后悟然。年岁大了，我常想这“四天”——不悔昨天、不忧明天、做好今天、笑对苍天。

——庄则栋

请宽容，又是一季春暖花开

故事话题

日本一休禅师的弟子珠光一向有打盹的习惯，以致在公共场合常常失态，为此他非常苦恼，便去请教医生。医生劝珠光多喝茶，珠光喝了茶以后果真不再打盹了，他逐渐喜欢上了喝茶。

一休禅师问："珠光，你是以何种心态在喝茶呢？"

珠光答道："为健康而喝茶。"

一休禅师给他讲了"赵州和尚吃茶去"的故事：有学僧请示赵州禅师以佛法大意，赵州答道："吃茶去！"然后再问："你怎么看这件事？"

珠光默然。

一休禅师叫侍者送来一碗茶，当珠光捧在手上时，一休禅师大喝一声，将他手上的茶碗打落在地。

珠光一动也不动。过了一会儿，珠光向一休禅师道谢，便起座往外走。

一休禅师叫："珠光！"

珠光回头道："弟子在！"

一休禅师问："茶碗已经打落在地，你还有茶喝吗？"

珠光两手作捧碗状，说："弟子仍在喝茶！"

一休禅师追问："你已经准备离此而去，怎么可以说还在吃茶？"

珠光诚恳地说："弟子到那边吃茶！"

一休禅师再问道："我刚才问你喝茶的心情，你只懂得这边喝，那边喝，可是全无心得，这种无心喝茶将是如何？"

珠光沉静地答道："无心之茶，柳绿花红。"

一休禅师大喜，便将自己珍藏的圆悟克勤禅师的墨迹传给了珠光。珠光自此开始改革当时流行的书院茶、门茶，将禅的思想导入茶文化，从而创立了日本的茶道。

故事解析

珠光从喝茶的事情上参悟出禅道，那就是与世无争，专心致志。他按照这条哲学，成为日本茶道的开山鼻祖。

良好的心态是抗逆力重要的组成部分，修养宽容大度的内心能够化解很多逆境带来的不良情感，让人把逆境置之度外，让心灵永驻充满希望的春天，让进取的脚步踏实矫健，做一个真正成熟的人。

一个人成熟与否，并非决定于年龄的大小和社会阅历的程度，而是经过无数次人生历练后内在气质的流露。人们只有以坦诚、执着、自识了却人间的烦恼，看淡红尘的纷争，默默地自我踏实、自我修复、自我完善，才能持不变心性，丰富自己的阅历，获得成熟的人生。

只有怀有豁达、开朗、宽容、自律、自省、自励的美好品德，才能使人达到真正的成熟。所以，既要审视自身的不足，又要注重吸收他人身上光亮的东西；既要有成熟的谋略，又要有宜人的胸襟，这样才不失成熟者的风范。

故事穿越

在中国近百年文化发展史中，弘一大师李叔同是学术界公认的通才和奇才，作为中国新文化运动的先驱者，他最早将西方油画、钢琴、话剧等引入国内，且以擅书法、工诗词、通丹青、达音律、精金石、善演艺而驰名于世。

在短暂的一生中，弘一大师能成为涉猎广泛的多面手，是跟他宽容、淡泊的观念相呼应的。他把佛道修行和艺术生活结合起来，更显出与众不同的超脱境界。

有一天，好友夏丏尊前来拜访，吃饭时，他见弘一大师只吃一道咸菜，他忍不住说道："难道你不嫌这咸菜太咸么？"

弘一大师回答说："咸有咸的味道！"

过了一会儿，弘一大师吃好后，手里端着一杯开水，夏先生又皱着眉头道："没有茶叶吗？怎么每天都喝这平淡的开水？"

弘一大师又笑一笑说："开水虽淡，但淡也有淡的味道。"

弘一大师把佛法应用在日常生活中，一条毛巾用了三年，已经用破了，他说还可以再用；住在小旅馆里臭虫爬来爬去，访客嫌恶，他说只有几只而已。

就是对生活条件的极大宽容，弘一大师抓住了更多的时间、精力致力于自己的志向与爱好，建树颇多。

故事微语

弘一大师得出的人生智慧就是宽容，因为足够的宽容，他才能腾出有限的能量运用于意义更为重大的使命中，成就优异的一生。

一个从容的人，感受到的多是平和的眼光；一个自卑的人，感受到的多是歧视的眼光；一个和善的人，感受到的多是友好的眼光；一个叛逆的人，感受到的多是挑衅的眼光……可以说，有什么样的内心世界，就有什么样的外界眼光。

在喧嚣的环境中，就会觉得宁静是何等的难能可贵。其实“心安处即自由乡”，善于调节内心是一种拯救自我的能力。当人们能够对自我有清醒认识，对他人能宽容友善，对生活无限热爱的时候，一个拥有强大的心灵力量的你将会更加自信而乐观地面对现实，面向未来。

心灵箴言

人之心胸，多欲则窄，寡欲则宽。

——金缨

宽容中包含着人生的大道至理。没有宽容的生活，如在刀锋上行走。如果美德可以选择，请先把宽容挑选出来吧！

——[美] 富兰克林

宽容是一种仁爱的光芒、无上的福分，是对别人的释怀，也是对自己的善待。一个人的胸怀能容得下多少人，才能够赢得多少人。

——[法] 罗曼·罗兰

宽容不是受约束，它像天上的细雨，滋润大地，带来双重祝福：祝福施予者，也祝福被施予者。它力量巨大，贵比皇冠，它与王权同在，与上帝并存。

——[英] 莎士比亚

勿盲目，内心世界树立指向标

故事话题

史泰龙在未成名以前十分落魄，连房子都租不起，晚上只好睡在金龟车里。当时，他立志要当一名演员，并自信满满地到纽约电影公司等应聘，但都因外貌平平及咬字不清而遭拒绝。

在被拒绝了1500次之后，有天晚上，他意外地看了一场电视直播的拳赛，由拳王阿里对一位名不见经传的拳击手查克·威普勒。这个威普勒在阿里的铁拳下居然支撑了15个回合。拳赛一结束，史泰龙立刻找到了创作新剧本的灵感，他用了三天时间写就了一个剧本《洛奇》：一个叫洛奇的业余选手，由于偶然的机会与世界拳王对抗而一战成名。

剧本构思新颖，终于有人愿意出钱购买。这时，他身上只剩40元现金了，非常需要钱。可是当他听到对方不同意他主演的时候生气了，第一次拒绝了别人。

一些精明的制片人很看好这个剧本，但史泰龙坚持自己当主角，这一要求令制片商们犹疑不定，很多机会因此擦肩而过。几经辗转，经历1855次拒绝以后，史泰龙终于找到了一个支持者，他如愿以偿。

片子以很低的成本在一个月内就拍完了。谁也没想到，《洛奇》成了好莱坞电影史上一匹最大的黑马：1976年，这部影片票房突破2.25亿美元，夺走了奥斯卡最佳影片与最佳导演奖，史泰龙获得最佳男主角与最佳编剧提名，一炮打响，成为超级巨星。

故事解析

史泰龙的成功在于他有明晰的梦想，他的所作所为都是为了梦想的实现，对于不服从于自己梦想实现的机会他勇敢地排斥，即使他很需要钱。

那些被历史铭记的人之所以伟大，是因为他们都有一个共同点，那就是对梦想的锲而不舍，对成功的执着追求。尽管在通往梦想的路上一再碰到阻碍，但是他们没有放弃，终于通过自己坚持不懈的努力，实现自己的梦想，取得了伟大的成就。

梦想是自己的，不要因为碰到一些挫折，就垂头丧气，让不好的情绪左右了自己的信念，这样，只会一事无成。

当年迪士尼为了实现建立“地球最欢乐之地”的美梦，四处向银行融资，可是被拒绝了 302 次之多。今天，每年都有上百万游客享受到前所未有的“迪士尼欢乐”，这全都出于一个人的决心——这就是坚持梦想的人生。

只要不让年轻时美丽的梦想随岁月飘逝，成功总有一天会出现在你眼前。

故事穿越

闫子千从军队退伍以后，有机会到一家企业做安全部经理，然而，他放弃了这个机会，他坚持在家自学，想要考取计算机专业的大学文凭。

他的朋友表示很不理解，说他对计算机一点也不熟悉，现在从头开始学，一是有难度，二是要花很多时间，说不定到头来一事无成。父母也表示反对，说他不去工作，一心在家学习计算机，能不能学成是未知数，还要给家里增加负担。

闫子千在一片反对声中，坚持自己的意见，虽说他对计算机了解不多，但十分爱好，所以进步很快。一年后，他参加了计算机考试，结果没有通过，第二次考试还是没有通过。父母再也无法忍耐了，坚持要他出去找工作。

闫子千与父母协商，下次考试再通不过，他就放弃。他还向父母借了一笔钱，作为自己的生活费，并承诺工作以后会还清。

经过半年的努力，闫子千信心百倍地参加了第三次考试，结果却让他备受打击，只差两分。

闫子千告诉父母自己找了一份工作，所以要搬到出租房里，这样离公司比较近。然后他又从朋友那里借了一些钱，仍然坚持认真学习计算机，最后终于通过了考试。

如今，闫子千年过三十，已经是一家 IT 企业的技术骨干，收入非常可观。他说如果当初去当安全部经理，一开始的收入可能比较高，但要继续发展就比较困难。IT 业是自己理想的事业。

故事微语

闫子千有自己清晰的认识与爱好、理想，并且能够克服困难、压力，坚持地付诸行动，如愿地成功拥抱了自己的人生。

莎士比亚在他的名著《哈姆雷特》中有这样一句经典台词：“光明和黑暗只在一线间。”一个人身处黑暗之中，你的心灵千万不要因黑暗而熄灭，而是要充满希望，因为黑暗只是光明来临的前兆而已。

在黑暗中摸索前行，充满光明的渴望，才是最良好的心态。如果你害怕黑暗，因黑暗而绝望，你将被无边的黑暗所湮没。相反，若你一直在心中点一盏长明灯，光明很快就会降临。

不要诅咒目前的黑暗，你所要做的就是坚守内心的光明，在它的指引下积极前行，迎接圆满的人生。

心灵箴言

光明和黑暗只在一线间。

——[英] 莎士比亚

天行健，君子以自强不息。

——《周易》

希望是附丽于存在的，有存在，便有希望，有希望，便是光明。

——鲁迅

理想是指路明灯。没有理想，就没有坚定的方向；而没有方向，就没有生活。

——[俄] 列夫·托尔斯泰

多沟通，给彼此了解的机会

故事话题

经典励志电影《心灵捕手》讲述的就是沟通对于消解人内心难以释怀的心结的重要作用。

成长于波士顿南区贫民窟的威尔·杭汀，是位绝顶聪明却叛逆不羁的年轻人。平日除了在麻省理工学院担任大楼的清洁工作之外，便是与三五好友在酒吧喝酒、泡妞、整整哈佛的“聪明小孩”；一人独处之时，就“一目十行”吞咽各式人文与科学的新知。

某天他“随意解答”数学系蓝勃教授留下的数学难题，随即引起学校

师生们的惊异；在与他人打架滋事，并宣判送进少年观护所之后，蓝勃教授便费心地将他保释出来，要求他参与数学研讨与接受心理辅导。

受邀为威尔做心理辅导的尚恩，本着“信任是突破心防的重要关键，不彼此信任就无法坦诚相待”的信念，以“不以作之师而以作之友”的心态倾听威尔对知识求问、人际互动、爱情探索、人生信念以及亲情伤害等知性问难与情绪宣泄，日渐抚慰他受创的心灵，帮助他重新拾回对人的信任，拥有了美满的人生。

此部以人物主导的影片重心是男主角威尔心灵受创的自我揭露与重建过程，细腻地开展了一场“心灵角力的战争”。年轻天才威尔·亨汀的成长故事原本是一篇仅有 50 页的短篇小说，由当时就读于哈佛大学的马特·达蒙在 1992 年构思而成。获得 1998 年度最佳编剧、最佳导演、最佳男演员等多项奥斯卡奖。

故事解析

一个问题青年，能够洗心革面开始崭新光明的新生活，根本原因在于通过沟通打开了紧闭的心扉，宣泄出童年遗留的严重伤痛，至此，他的人生才算是正常的、健全的。

无论人生如何一帆风顺，总会有令人紧张、感到压力的时刻降临，误会、争执和竞争都可能增加心理负担。只有适时减压，才能保持良好的心境。虽然适当的压力对我们有好处，过度的压力却是有害的，要采取积极的压力管理方法予以调解。

沟通是解决矛盾、释放压力的好方法，特别是青少年时期，心理尚未成熟，很多新鲜的人生尝试会带来各种困惑与不解，良好的沟通渠道十分必要。

对于沟通，首先要摆正态度，抱着人无完人的宽容心态，才能真正实现有效的沟通，交到真心的朋友、师长；沟通还要讲究方法，出现矛盾时转移注意力，求同存异等。通过自己的努力建立通畅的沟通渠道，及时为心灵释放过度的压力，享受健康心灵的滋润春雨。

故事穿越

在一个古老的国度，国王只有一个小公主，对她十分宠爱。一天，小公主病了，她娇憨地告诉国王，如果能把天空的月亮据为己有，自己的病才能好。国王立刻召集全国的聪明智士，要他们想办法。

总理大臣说："它远在三万五千里外，比公主的房间还大，而且是由熔化的铜所做成的。"

魔法师说："它有十五万里远，用绿奶酪做的，而且整整是皇宫的两倍大。"

数学家说："月亮远在三万里外，又圆又平像个钱币，有半个王国大，还被粘在天上，不可能有人能拿下它。"

国王又烦又气，只好叫宫廷小丑来弹琴给他解闷。小丑问明一切后，得到了一个结论：如果这些有学问的人说得都对，那么月亮的大小一定和每个人想的一样大、一样远。所以当务之急便是要弄清楚小公主心目中的月亮到底有多大、多远。

于是，小丑到公主房里探望公主，并顺口问公主，"月亮有多大?""大概比我拇指的指甲小一点吧！因为我只要把拇指的指甲对着月亮就可以把它遮住了。"公主说。

"那么有多远呢?""不会比窗外的那棵大树高！因为有时候它会卡在树梢间。"

"用什么做的呢?""当然是金子！"公主斩钉截铁地回答。

小丑立刻找金匠打了个小月亮、穿上金链子，给公主当项链。小公主好高兴，第二天病就好了。

故事微语

无论多么巨大的困难，只要实现心灵坦诚的沟通，都能迎刃而解。要获取良好的沟通效果，达到预想的目的，解决问题，还有注重沟通的角度、方式等很多细节。沟通是一门学问，需要相当的时间、精力及不断的学习、练习才能较好掌握。

这个故事告诉我们沟通的重要。能够找到心灵的寄托，在遭受非难时全盘倾诉，收到鼓励，面对世界便无可畏惧。

在人与人的交往中，需要以宽容的态度去诚意与人沟通，既释放自己内心的种种压力、烦恼，同时也从他人那里得到其他的经验、感受，增加自己的人生积累。沟通应该建立在平等、互敬的基础上，只有这样，直达心灵的沟通才能同时让双方获得人格、精神上的满足，恢复积极向上的状态、精神劲头，或者达到更高水准上的精神愉悦，保持身心健康。

但是，无论多么亲密，沟通的各方仍然是各自独立的个体，不可能相互替代与包庇。超过合理限制的沟通关系不但不能为各方带来正能量，相反，会变成一个累赘。

一个既亲密而又相互独立的关系，胜于一千个一般的关系。这样的关系，会把我们从不可救药的孤独感、压力中拯救出来，是我们生命中最重要的一种救赎。训练优秀的沟通力，积极调整心绪，让进取的人际环境无限美好，脚步才会轻松、快捷。

心灵箴言

许多东西都因为不发问而丧失。

——英国谚语

愈坏的消息，应该用愈多的力气沟通它。

——[美] 安德鲁·葛洛夫

沟通造成一时的尴尬；不沟通却造成一生的尴尬。

——日本谚语

我们沟通得多好，不是取决于我们描述得有多好，而是被了解得多好。

——[美] 安德鲁·葛洛夫

平常心，胜败乃兵家常事

故事话题

钱锺书先生学贯中西，著有《谈艺录》《管锥编》《围城》等巨著，享有“博学鸿儒”“文化昆仑”之美誉。一位美籍华人新闻记者要采访他，却被他拒之门外。他把《写在人生边上》一书重印的稿费全捐给了国家；国外有许多地方要重金聘用他，皆被他婉拒。他对一位年轻人说：“名利地位都不要去追逐，年轻人需要的是思想充实。”钱锺书甘于寂寞、淡泊自守、不求闻达，视名利如浮云，让人从内心里更加尊敬他。

1991 年，全国 18 家省级电视台联合拍摄《中国当代文化名人录》，要拍钱锺书，被他婉拒。别人告诉他会有很多的酬金以及曝光率。他淡淡一笑：“我都姓了一辈子‘钱’了，还会迷信这东西吗？”

很多人不远万里从各地甚至国外慕名来拜访钱锺书，而他却常常闭门谢客，避之不及。有位英国女士打电话说非常喜欢他写的文章，想到家中拜见作者。他在电话中说：“假如你吃了一个鸡蛋觉得不错，又何必要认识那只下蛋的母鸡呢？”

文革后的学术界，对钱锺书的文学称颂日渐声高，然而钱锺书一如即往的平静安详。他谢绝一切记者和学者的见面，曾有人把他的行为误读为“自命清高”。但深知他的杨绛说：“他从不把自己侧身大师之列，他只是想安安心心，低调地做学问。”

故事解析

钱锺书先生作为名人，却有着极为平常的心态，无论成名与否，在他都没有任何影响，他督促自己的，只是专心致志投入文史事业。

无论成败，都会给心灵造成冲击，破坏原本的安宁、平静，形成内在的逆境。良好的抗逆力能够针对不良心境及时作出调整，让心灵尽快回复平静，继续保持进取的成效。

“不以物喜，不以己悲”，每个人都要有大度豁达的心胸，不为虚妄的物质、名利牵制，始终保证自己的精力用于为人类发展有益的事业中，这样的人生才具备最高的价值。

对财物的过度看重就会为自己制造额外的压力，让自己有限的能量为无休止的名利追逐消耗，而真正应该全力投入的立身大业却被荒废，这是很多人的惨痛教训。

为了自己的人生的充实、圆满，务必放下虚荣的心思，葆有平常心，用最务实的观念、言行成就最沉甸甸的人生果实。

故事穿越

徐迟写的报告文学《哥德巴赫猜想》曾影响和激励了一代人，文中记述了令世界震惊的数学奇才陈景润，在6平方米的小屋里，借一盏煤油灯，伏在床板上，用一支笔，耗去几麻袋草稿纸，攻克了世界著名的数学难题的事迹。

虽然他傻到边走边想数学题，几次头撞到树上、电线杆上，可是他最终成功了！他最终赢得了爱情、名誉——而所有的一切都不是他研究数学题时一心想要的，他长年累月坚持不懈的动力只是出于他对数学的热爱，而不是对荣誉的追求。

许多数学家总喜欢称自己有天赋，而陈景润在上学时并没有表现出对数学特别的爱好。据大哥陈景桐回忆："上学前的大弟（即陈景润）非常文静，不爱讲话，也不淘气，但对家里的一切书籍感兴趣，包括父亲的佛经和我的小学课本。确确实实是这样，不是他成了科学家，我才这样讲。"

1983年初，陈景润在《回忆我的中学时代》一文中谈到他在三明读书的情况："1946年春天，我在福建省三明市第一中学读初二时的考试成绩是：代数99分，国文92分，英文89分，几何83分，化学88分，历史83分，地理85分，图画85分，音乐85分，体育80分……我能唱能跳，分数最低的是劳作75分，我那时一双小手可不巧。"

冷嘲热讽，等闲视之，平常心使他最终摘取歌德巴赫猜想的桂冠，名扬四海。无论面对困难、挫折，还是面对成功、失败，我们都要保持一颗平常心。

故事微语

陈景润虽然是成绩斐然的数学家，但他一生朴素低调，不为名利牵制，坚韧的平常心使他虽身处人生起伏，依然能够擅自我顾、心无旁骛地较好完成了自己的生命价值。

正由于陈景润的淡看成败，他才赢得了许多东西。宋祁的《木兰花》中有两句词：“浮生长恨欢娱少，肯爱千金轻一笑。”其实人生之所以产生压力和苦恼，是因为我们奢求太多，太在乎得失，太计较输赢。

保持一颗不计成败的平常心，在朴实无华的心境中生活，于寂然中品味人生的艰辛，于宁静中净化自己的灵魂，才能够在沉迷中变得清醒，在贪求中变得淡泊，对什么事都拿得起，放得下。

人生的旅途充满挑战。不能因遭受挫折而一蹶不振，也不能因一时侥幸事成而得意忘形。保持平常心、让平常心充满智慧，是战胜困难的基石，是超越自我的条件，是创造奇迹的根本保障之一。

心灵箴言

非淡泊无以明志，非宁静无以致远。

——诸葛亮

不在乎别人是否赏识他的人，必然成功。

——[英] 金基尔

成功一件事，千万不要等待着享受荣誉。

——法国谚语

真正的科学研究者对他所从事的工作完全舍弃了功利观点。

——[德] 皮尔斯

满足不在于多加燃料，而在于减少火苗；不在于积累财富，而在于减少欲念。

——[英] 汤玛斯·富勒

第三篇

自我鞭策，不给自己放松的机会

曾担任过联合国秘书长的瑞典政治家哈马舍尔德曾说：“我们无从选择命运的框架，但我们放进去的东西却是我们自己的。”人不能选择命运，却可以选择自己生命的道路。你选择艰苦的道路，你的脚印就会印在上面，被人们记住。

执着梦想，让生命充满希望

故事话题

美国前总统克林顿的童年很不幸。他出生前四个月，父亲死于一次车祸。他母亲因无力养家，只好把出生不久的他托付给自己的父母抚养。童年的克林顿从外公那里学会了忍耐和平等待人，从舅舅那里学到了说到做到的男子汉气概。

他 7 岁随母亲和继父迁往温泉城，不幸的是，继父嗜酒成性，酒后经常虐待妻子，小克林顿也经常遭其斥骂。

坎坷的童年生活，使克林顿形成了尽力表现自己，争取别人喜欢的性格。他在中学时代非常活跃，一直积极参与班级和学生会活动，并且有较强的组织和社会活动能力。他是学校合唱队的主要成员，而且被乐队指挥定为首席吹奏手。

1963 年夏，他在“中学模拟政府”的竞选中被选为参议员，应邀参观了首都华盛顿，这使他有机会看到了“真正的政治”。参观白宫时，他受到了肯尼迪总统的接见，不但同总统握了手，而且还和总统合影留念。

此次华盛顿之行是克林顿人生的转折点，使他的理想由当牧师、音乐家、记者或教师转向了从政，梦想成为肯尼迪第二。

有了目标和坚强的意志，克林顿此后三十年的全部努力，都紧紧围绕这个目标。上大学时，他先读外交，后读法律——这些都是政治家必须具备的知识修养。离开学校后，他一步一个脚印，律师、议员、州长，最后达到了政治家的巅峰——总统。

故事解析

童年不幸的克林顿能够成功，关键在于对自己梦想的执着。认准目标后他能够集中所有的力量予以实施、努力，不达目的不罢休。

对于梦想，哪怕只有万分之一的机会，你也不要放弃它。很多人都是借此而脱离困境的。

其实，这个世界并不会偏爱任何一个人，上天对任何人都是公平的，就像爱因斯坦所说的那样："上帝高深莫测，但他并无恶意。"所以，任何一件好事、坏事发生的几率都是一样的，也就是说，如果好事情有可能发生，不管这种可能性多么小，它也是会发生的。

从这个推论中，我们可以得知，成功有时来自于很小的机会，当这种机会来临的时候，关键是你是否能够发觉并抓住它。

梦想不分大小，重在坚守以及不懈的努力。坚持到底就是胜利。

故事穿越

有一位年轻人，儿时起就怀有一个梦想，希望自己能够成为一名出色的赛车手。长大以后，他在一家农场开车，工作之余，一直坚持参加业余赛车队的技能训练。每逢遇到车赛，他都会想尽一切办法参加。但他一直没能取得好的名次，不仅没有什么收入，而且还欠下了一笔数目不小的债务。

在如此窘迫的情况下，他依然抱着自己的信念不放弃，一如既往地坚持练习。有一年，他参加了威斯康星州的赛车比赛。当赛程进行到一半的时候，他的赛车位列第三，也许这将成为他人生的一个转折点。

突然，他前面的两辆赛车发生了事故，撞到了一起。他迅速地转动方向盘，试图避开这场灾难，但撞上了车道旁的墙壁。

他伤势严重，医生做了7个小时的手术，才把他从死神的手中拽了出来。尽管保住了性命，可他的手却萎缩得像鸡爪一样。医生认为他不可能再开车了。

然而，他并没有因此绝望。他接受了一系列植皮手术，为了恢复手指的灵活性，他每天都用残缺的手不停地抓木条，有时疼得浑身大汗淋漓，但仍然坚持。

在做完最后一次手术之后，他回到了农场，换用开推土机的办法使自己的手掌重新磨出老茧，并继续练习赛车。

仅仅是在9个月之后，他又重返了赛场！两个月后，他最终赢得了250英里比赛的冠军。他就是美国颇具传奇色彩的伟大赛车手——吉米·哈里波斯。

故事微语

当他第一次以冠军的姿态面对热情而疯狂的观众时，禁不住流下了激动的眼泪。一些记者纷纷将他围住，并向他提出一个相同的问题：“在遭受那次沉重的打击之后，是什么力量使你重新振作起来的呢？”

此时，他手中拿着一张比赛的海报，上面是一辆赛车在迎着朝阳飞驰。他没有回答记者们的提问，只是微笑着用黑色的笔在图片背后写上一句凝重的话：把失败写在背面，我相信自己一定能成功！

这就是执着于梦想的力量。梦想的力量是伟大的，它支持着人们生活，催促着人们奋斗，推动着人们进步，蔑视所有逆境。正是它，创造了世界上一个又一个的奇迹。

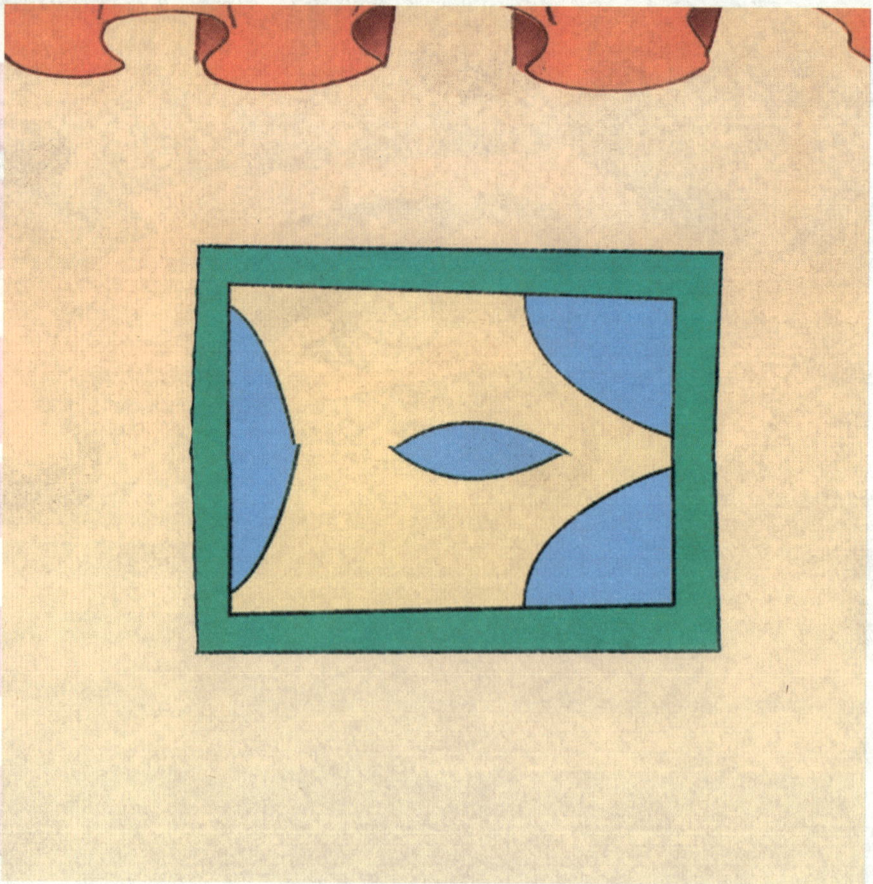

心灵箴言

梦是心灵的思想，是我们的秘密真情。

——[美] 杜鲁门·卡波特

梦想一旦被付诸行动，就会变得神圣。

——翟鹏飞

人类因梦想而伟大，人生因拼搏而精彩。

——白国伟

梦想只要能持久，就能成为现实。我们不就是生活在梦想中的吗？

——[英] 丁尼生

勇于探索，做生活中的强者

故事话题

20 世纪最杰出的数学家之一冯·诺依曼 1946 年发明了电子计算机，大大促进了科学技术的进步，改变了社会生活的面貌，被西方人誉为“计算机之父”。

约翰·冯·诺依曼从小聪颖过人，兴趣广泛，读书过目不忘。他在数学的诸多领域都进行了开创性工作，并作出了重大贡献。在第二次世界大战前，他主要从事算子理论、鼻子理论、集合论等方面的研究。

1933 年，冯·诺依曼 30 岁，担任普林斯顿高级研究院教授，六名同级别研究者包括爱因斯坦，他是最年轻的一位。当年，他解决了希尔伯特第 5 问题，即是否所有连续群都是可微群的问题。冯·诺依曼对人类的最大贡献是对计算机科学、计算机技术和数值分析的开拓性工作。

现在一般认为 ENIAC 机是世界第一台电子计算机，它是由美国科学家研制的，于 1946 年 2 月 14 日在费城开始运行。冯·诺依曼参加 ENIAC 机研制小组后，便带领这批富有创新精神的年轻科技人员，向着更高的目标进军。1945 年，发表了一个全新的“存储程序通用电子计算机方案”。

EDVAC 方案明确奠定了新机器的五个基本组成部分，并描述了它们的职能和相互关系；数据、指令均采用了二进制；建立了存储程序，简化了计算机的结构，大大提高了速度。

冯·诺依曼于 1937 年获美国数学会的波策奖；1947 年获美国总统的功勋奖章；1956 年获美国总统的自由奖章和爱因斯坦纪念奖以及费米奖。

故事解析

冯·诺依曼的一生就是不断探索的一生，一直是数学领域中的佼佼者，领头人，成就少有人可以比肩。同样是一生，他的优势就在于能够永远鞭策自己前进。

拿破仑说：“我只有一个忠告——做你自己的主人。”习惯抱怨生活太苦的人，是不是也能说一句这样的豪言壮语：“我已经经历了那么多的磨难，眼下的这一点痛又算得了什么！”“自古雄才多磨难，从来纨绔少伟男”，人们最出色的工作往往是在挫折逆境中做出的。我们要有一个辩证的挫折观，经常保持自信和乐观的态度。挫折和教训使我们变得聪明和成熟，正是失败本身才最终造就了成功。我们要悦纳自己和他人他事，要能容忍挫折，学会自我宽慰，心怀坦荡、情绪乐观、满怀信心地去争取成功。

有人说，不要做在树林中安睡的鸟儿，而要做在雷鸣般的瀑布边也能安睡的鸟儿。逆境并不可怕，只要我们学会去适应，那么挫折带来的逆境，反而会给我们以进取的精神和百折不挠的毅力。

故事穿越

塞乐斯生于公元前624年，是古希腊第一位闻名世界的大数学家。他原是一位很精明的商人，靠卖橄榄油积累了相当财富后，塞乐斯便专心从事科学研究和旅行。

他勤奋好学，同时又不迷信古人，勇于探索，勇于创造，积极思考问题。他的家乡离埃及不太远，他游历埃及时，曾用一种巧妙的方法算出了金字塔的高度，使古埃及国王阿美西斯钦羡不已。

在塞乐斯以前，人们对大自然的认知只满足于对各类事物提出解释，而塞乐斯的伟大之处在于，他不仅能作出解释，还加上了为什么的科学问号。

古代东方人民积累的数学知识，主要是一些由经验中总结出来的计算公式。塞乐斯认为，这样得到的计算公式，用在某个问题里可能是正确的，用在另一个问题里就不一定正确了，只有从理论上证明它们是普遍正确的以后，才能广泛地运用它们去解决实际问题。

塞乐斯自觉地提出这样的观点，是难能可贵的，它赋予数学以特殊的科学意义，是数学发展史上一个巨大的飞跃。

塞乐斯最先证明了如下的定理：

1.圆被任一直径二等分。

2.等腰三角形的两底角相等。

3.两条直线相交，对顶角相等。

4.半圆的内接三角形，一定是直角三角形。

5.如果两个三角形有一条边以及这条边上的两个角对应相等，那么这两个三角形全等。

塞乐斯对古希腊的哲学和天文学也作出过开拓性的贡献。

故事微语

勇于探索成就了塞乐斯伟大的数学家、天文学家称号。

世事常变化，人生多艰辛。在漫长的人生之旅中，尽管人们期盼能一帆风顺，但在现实生活中，却往往令人不期然地遭遇逆境。

逆境是理想的幻灭、事业的挫败；是人生的暗夜、征程的低谷。就像寒潮往往伴随着大风一样，逆境往往是通过名誉与地位的下降、金钱与物资的损失、身体与家庭的变故而表现出来的。逆境是人们的理想与现实的严重背离，是人们的过去与现在的巨大反差。

每个人都会遇到逆境，以为逆境是人生不可承受的打击的人，必不能挺过这一关，可能会因此而颓废下去；而以为逆境只不过是人生的一个小坎儿的人，就会想尽一切办法去找到一条可迈过去的路。这种人，多迈过几个小坎儿的，就会不怕大坎儿，就能成大事，反而在应对人生的逆境过程中激发了钻研、探索精神，成为知名的专家、学者，为人类作出卓越的贡献。

心灵箴言

必须有勇气正视无情的真理。

——[苏联] 列宁

错误经不起失败，但是真理却不怕失败。

——[印度] 泰戈尔

对真理的追求比对真理的占有更为可贵。

——[德] 莱辛

凡在小事上对真理持轻率态度的人，在大事上也是不足信的。

——[美] 爱因斯坦

激发斗志，燃烧无限的能量

故事话题

阿尔伯特·霍布代尔曾是曼彻斯特市格雷大街中学的校工，十分尽责。不料有一年，他敬佩的老校长退休了，新校长上任不久就宣布全体员工每天必须签到并注明时间，而阿尔伯特大字不识一个，所以他被解雇了。

阿尔伯特走出学校时，天已黑了。在这个 20 年来最倒霉的日子里，他提醒自己一定得买半磅香肠带回家。而唯一的小食品店店主威格丝太太前天死了，店门至今还关着。

“真该死，为什么整个街区没有第二家香肠店呢？”阿尔伯特情绪坏到了极点，直觉得眼前漆黑。倏地，一个念头像闪电一样晃进他的脑子：既然如此，何不自己开一家呢？这些年好歹攒了一些钱，何况现在又失了业……

他兴奋得把失业的烦恼抛到了九霄云外。一星期后，食品店开张，阿尔伯特做了店主，生意不坏。他增加了把香肠做熟的工序，吸引来一批又一批顾客。为了应付店前“长龙”，他创造了削制小木筷子，把香肠夹在半切开的面包里，串在筷子上卖的方法。这种早点经济又方便，结果“长龙”更长了。

阿尔伯特推出流动出售业务，减轻了店门前的拥挤，生意也因此做得更大了。烈日炎炎的夏日，他及时推出凉香肠。

5 年以后，任何人到曼彻斯特市，都可以看到蹬车叫卖香肠的孩子。又过了几年，就连最繁华的大街上，也有了“霍布代尔香肠店”的分店。

Sausage

故事解析

阿尔伯特遭受到人生的大不幸时反而被激发出坚强的斗志，抓住机会，成就了一番香肠事业。相对此前暗淡的校工命运，他无限燃烧起自己生命的能量，建立起辉煌的人生。

人的潜力是惊人的，很多时候，你认为你承受不了的事，往往却能够不费气力地承受下来，人生没有承受不了的事，相信你自己。

你还在为即将到来或正发生在自己身上的不幸而担忧吗？其实，这些困难并不像你想象的那样可怕。只要你勇敢面对，你就能够承受得了。

只要还拥有生活的勇气，那么你的人生仍然是五彩缤纷的。人的潜力是无穷的，世界上没有任何事情能够将人的心完全压制。只要相信自己，人生就没有承受不了的事。至于受老板的责骂、受客户的折磨这种小事，你还会在乎吗？

当你适应了不幸以后，你就可以从不幸中找到幸运的种子了。

故事穿越

紫霄未满月就被白发苍苍的奶奶抱回家。奶奶含辛茹苦把她养到小学毕业，狠心的父母才从外地返家。父母重男轻女，对女儿非常刻薄。她生病时，父母会变本加厉地迫害她，母亲对她说：“我看你就来气，你给我滚，又有河、又有老鼠药、又有绳子，有志气你就去死。”还残忍地塞给她一瓶“安定”。13 岁的小姑娘没有哭，在她幼小的心灵里，萌生了强烈的愿望——一定要活下去，并且还要活出一个人样来！

她揣上奶奶用鸡蛋换来的干粮和卖掉棺材得来的路费，踏上了西去的列车。几天后，她到了新疆，见到了久违的表哥和姑妈，重返课堂，度过了半年的幸福时光。

在姑妈的建议下，她回安徽老家办户口迁移手续。回到老家，她发现再也回不了新疆了，父母要她顶替父亲去厂里上班。

她拿起了电焊枪，那年她才 15 岁。紫霄没有向命运低头，她业余苦读，通过了写作、现代汉语和文学概论等学科的自学考试。

1988年底，紫霄的第一篇习作被《巢湖报》采用，她看到了生命的一线曙光，她要用缪斯的笔来拯救自己。多少个不眠之夜，她用稚拙的笔饱蘸浓情，抒写自己的苦难与不幸，倾诉自己的顽强与奋争。耕耘换来了收获，那些心血凝聚的稿件多数被采用，还获得了各种奖项。1989年，她成了安徽省作协的一员。

故事微语

艰苦的命运激励起小女孩顽强的斗志，迸发出无限的能量，她最终战胜了苦难的命运，成为坦然微笑面对生活的强者。

生活中的失败与挫折既有不可避免的一面，又有正向和负向功能。既可使人走向成熟、取得成就，也可能破坏个人的前途，关键在于你怎样面对挫折。

破釜沉舟的军队，才能决战制胜。同样，一个人无论做什么事，必须抱着绝无退路，勇往直前的进取心，才会在遇到任何困难和障碍时，都不会产生后退的念头。如果立志不坚，时时准备知难而退，那就绝不会有成功的一日。

人生的成败，决定于意志力的强弱。具有坚强意志力的人，遇到任何艰难障碍都能克服困难，消除障碍，激发出无可限量的潜能，博取成功。

心灵箴言

拼着一切代价，奔你的前程。

——[法] 巴尔扎克

停止奋斗，生命也就停止了。

——[苏格兰] 卡莱尔

当时间的主人，命运的主宰，灵魂的舵手。

——[美] 罗斯福

做了好事受到指责而仍坚持下去，这才是奋斗者的本色。

——[法] 巴尔扎克

挖掘潜力，探索未知的世界

故事话题

莎莉·拉斐尔是美国著名的电视节目主持人，曾经两度获奖，在美国、加拿大和英国每天有800万观众收看她的节目。可是她在30年的职业生涯中，却曾被辞退18次。

刚开始，美国的无线电台都认定女性主持不能吸引观众，因此没有一家愿意雇佣她。她便迁到波多黎各，苦练西班牙语。有一次，多米尼亚共和国发生暴乱事件，她想去采访，可通讯社拒绝她的申请，于是她自己凑足旅费飞到那里，采访后将报道卖给电台。

1981年她被一家纽约电台辞退，无事可做的时候，她有了一个节目构想。虽然很多国家广播公司觉得她的构想不错，但碍于她是女性，所以最终还是放弃了她的构想，最后她终于说服了一家公司，受到了雇佣，但她只能在政治台主持节目。尽管她对政治不熟，但还是勇敢尝试。

1982年夏，她的节目终于开播。她充分发挥自己的长处，畅谈7月4日美国国庆对自己的意义，还请观众打来电话互动交流。令人意想不到的是，节目很成功，观众非常喜欢她的主持方式，所以她很快成名了。

当别人问她成功的经验时，她发自内心地说："我被人辞退了18次，本来大有可能被这些遭遇所吓退，做不成我想做的事情。结果相反，我让它们鞭策我前进。"

故事解析

莎莉·拉斐尔能够为女性打开新的就业领地并获得极大成功，她的敢为人先的精神令人感动。

逆境是一柄双刃剑，它能将弱者一剑削平，从此倒下，但同时它也能够让强者更强，练就出色而几近完美的人格。在不屈的人面前，苦难会化为一种礼物，一种人格上的成熟与伟岸，一种意志上的顽强和坚韧，一种对人生和生活的深刻的认识。

在历史上，一帆风顺的成功者是很少的，更多的成功者都是在逆境中磨炼自己的逆境情商，积极探索前进的道路。

高尔基曾在老板的皮鞭下，在敌人的明枪暗箭中，在饥饿和残废的威胁下坚持读书、写作，终于成为世界文豪；富兰克林在贫困中奋发自学，刻苦钻研，进取不息，成为近代电学的奠基人。可见，情绪掌控高手或是煎熬于生活苦海，或是挣扎于传统偏见，或是奋发于先天落后，或是发奋于失败之中，他们最终得以成功的秘诀在于朝着预定的目标，砥砺于各种难以想象的逆境之中，勇于奋战，知难而上，终于成为淬火之钢、经霜之梅。

故事穿越

在美国佐治亚州的亚特兰大市，有一名叫约翰?潘博顿的药剂师。在1886年5月的一天，他在自家的院子里做实验，准备研制一种能够起到阵痛和提神功能的头痛药，但是结果并不理想，他的“独门配方”可能在治疗阵痛方面没有什么功效。然而潘博顿却觉得药水的味道非常特别，于是他将这种液体带到药房，指示他的助理魏纳伯往其中倒入一些糖浆和水，然后添加些冰块，他俩尝过后觉得味道好极了。

正当他要倒第二杯的时候，魏纳伯不小心加错了水，他加的不是普通的水，而是含有二氧化碳的苏打水。没想到，这种味道更让俩人喜欢。

他们决定把它当作一般的解渴饮料来销售。因为里面含有古柯叶和可乐果，所以取名为“可口可乐”。

1886年，可口可乐平均每天卖出九瓶。根据可口可乐公司的纪录，潘博顿在第一年仅卖出相当于25加仑的饮料，赚了50美元，却花了73.96美元做广告。在当时看来，这个营销策略非常失败，简直是入不敷出。

然而今天，全世界155个国家的顾客，平均每天要喝掉3.93亿瓶可口可乐。

潘博顿是一个药剂师，他的目的是制造感冒糖浆，其实他可以在第一次失败的时候，就放弃一切努力，一个药剂师为什么要去研究饮料呢？以常人的眼光来看是绝对不符合逻辑的，但如果按照这个逻辑，那么可口可乐就不会诞生了。

故事微语

潘博顿成功的秘诀在于勇敢探索陌生的领域，极大地挖掘自己的潜力。他的思维不受约定俗成观念的限制，所以成功有了无限的成就空间，极易获取。

就像人不可限量的潜力，人的抗逆力也是没有上限的。对于不可控的逆境，无限的潜力就是最好的应对方法。而要使潜力得以尽量的发挥，一个开放的思维至关重要。

牢记目标是思维自由发散的基点。“条条大路通罗马”，不管是什么样的路径，最终的目的地一定要是罗马，就对了。心中牢记自己的使命，就能够积极动脑，发现无穷多样的渠道，就是最大地激活了内在的潜能，必然会实现目标。

不断地自我鞭策，寻找一切办法保持高效，激发更多的潜能，这样的人生会大放异彩。

心灵箴言

只有顺从自然，才能驾驭自然。

——[英国] 培根

如果我们过于爽快地承认失败，就可能使自己发觉不了我们非常接近于正确。

——[英] 卡尔·波普尔

我真想发明一种具有那么可怕的大规模破坏力的特质或机器，以至于战争将会因此而永远变为不可能的事情。

——[瑞典] 诺贝尔

“难”也是如此，面对悬崖峭壁，一百年也看不出一条缝来，但用斧凿，能进一寸进一寸，得进一尺进一尺，不断积累，飞跃必来，突破随之。

——华罗庚

坚定信念，给自己一个支点

故事话题

罗杰·罗尔斯是美国纽约州历史上第一位黑人州长。他出生在纽约声名狼藉的大沙头贫民窟。这里环境肮脏，充满暴力，在这儿出生的孩子，耳濡目染，长大后很少有人从事体面的职业。而罗杰·罗尔斯却成为例外。

就职记者招待会，谦虚的罗尔斯对自己的奋斗史只字未提，只谈到了他上小学时的校长——皮尔·保罗。

1961 年，当时正值美国嬉皮士文化流行的时代，皮尔·保罗被聘为大沙头诺必塔小学的董事兼校长，他发现这里的穷孩子比“迷惘的一代”还要无所事事。他想了很多办法引导他们，但都归于失败。后来他利用这些孩子迷信的特点，为学生看手相以鼓励他们。

一天，罗尔斯从窗台上跳下，伸着小手走向讲台，皮尔·保罗说：“我一看你修长的小拇指就知道，你将来是纽约州的州长。”

当时，罗尔斯大吃一惊，因为长这么大，只有奶奶让他振奋过一次，说他可以成为 5 吨重的小船的船长。这一次，皮尔·保罗先生竟说他可以成为纽约州的州长，着实出乎他的预料。他记下了这句话，并且相信了它。

从那天起，“纽约州州长”就像一面旗帜指引着罗尔斯，他的衣服不再沾满泥土，说话时也不再夹杂污言秽语。他开始挺直腰杆走路，在以后的四十多年间，他没有一天不按州长的身份要求自己。51 岁那年，他终于成了州长。

故事解析

罗尔斯的信念太坚定了，一直引导他美梦成真。

人是为什么而活？又是什么在支撑着人们努力奋发？其实，这不过就是两个字——信念。信念的力量是伟大的，它支持着人们生活，催促着人们奋斗，推动着人们进步，正是它，创造了世界上一个又一个的奇迹。

逆境之徒漫漫，好似没有尽头，这个时候，只有你内心的坚定信念才能照亮你前行的路。信念是抗逆力的核心。任何时候，你都不要放弃信念，因为信念能够支撑你的行动，助你战胜任何困难。

从最基本的观点来看，信念是一种指导原则和信仰，让我们明了人生的意义和方向，信念是人人可以支取，且取之不尽的；信念像一张早已安置好的滤网，过滤我们所看到的世界；信念也像脑子的指挥中枢，指挥我们的脑子，照着我们所相信的，去看事情的变化。这也就是为何信念能开启卓越之门的缘故。

若能好好控制信念，它就能发挥极大的力量，开创美好的未来。

故事穿越

诺贝尔奖可谓是最著名的科学奖项了，通常代表了科学的最高成就，如果要问起获得诺贝尔奖最多的民族，那么评委会会毫不犹豫地告诉你——犹太人。犹太人可谓是一个“从地狱里走出来”的民族，他们经受的苦难，称得上是“炼狱”。

犹太人也曾有过安定的日子，他们在耶路撒冷定居后，逐渐繁荣起来，特别是在所罗门的带领下，创造了辉煌的文明。然而当时世界上强国林立，且都对耶路撒冷这块富饶之地垂涎已久。耶路撒冷附近地势平缓，没有山脉之类的天然屏障，所以仅凭脆弱的城墙，是无法抵御强敌的。于是犹太人失败了，被奴役，被流放，他们甚至在巴比伦坐过牢，史称“巴比伦之囚”。

经历了无数次腥风血雨后，犹太人彻底地失去了国土，流落他乡。一个无家可归的民族，有可能随时被历史遗忘。曾经的伊特鲁利亚人、赫梯人、西哥特人等，都是在颠沛流离的岁月中，逐渐消失了。但犹太人却没有灭绝。他们虽然身在异乡，却团结如一，继续创造着一个又一个奇迹。

二战期间，犹太人面临了空前的灭顶之灾，在种族主义的迫害下，大批犹太人被杀害，但是他们依然挺了过来。

战后，犹太民族的“复国主义”兴起，他们终于重返耶路撒冷，建立了自己的国家。如今，这个民族的强大有目共睹，他们不仅告别了“乞丐岁月”，而且为人类的发展作出了巨大贡献。

故事微语

很多学者都在研究犹太人成功的秘诀，一部分人将其归为犹太人拥有的共同信仰——犹太教。这样的认识未免沦为宗教限制论，更客观的说法应该归咎于犹太人的信念。他们对民族独立、自由，对发展、进取，对正义、自然等诸多人生概念，深存坚定不移、必定胜利的信念。

信念是一切奇迹的萌发点。一个有着坚强信念的人，即使衰老和病魔也不能打败他。用信念支撑你的行动，你就能健步向前，拥有一个充实的人生。

坚持信念，就能看到逆境中的希望。时常把希望放在心头，再困难的环境，也不放弃希望，你就可能获得最后的成功。

生活中时常会出现不顺的情况，折磨人的逆境在所难免。记住，在任何时候，都不要放弃希望，即使再困难的境况，也要坚持，用希望拥抱心灵，最终你会迎来雨过天晴的那一天。

心灵箴言

信仰是人生的动力。

——[俄] 列夫·托尔斯泰

只要厄运打不垮信念，希望之光就会驱散绝望之云。

——郑秀芳

一个有信念的人，所发出来的力量，不亚于99位仅心存兴趣的人。

——[英] 斯图尔特·米尔

信念是储备品，行路人在破晓时带着它登程，但愿他在日暮以前足够使用。

——[苏联] 哥罗连科

第四篇

绝处逢生，置之死地而后生

苦难对于弱者是一个深渊，而对于天才来说则是一块垫脚石。人生来都希望在一个平和顺利的环境中成长，但上帝并不喜爱安逸的人们，他要挑选出最杰出的人物，于是他让这些人历经磨难，千锤百炼终于成金。

冷静对待，以不变应万变

故事话题

现代喷气式客机的时速往往高达 800 公里以上，一旦出现意外，几百名乘客的生命会遭受严重威胁。许多猝逢变故的民航客机机长，会竭尽全力设法成功迫降，以尽量挽救乘客和机组人员的生命。

但现代客机速度快，机身重，常规起降所需的滑行距离很长，且到了需要迫降的时候，飞机本身往往已遭遇了不少意外，诸多不利条件令这种应急迫降充满了风险，成功概率微乎其微。

最有名的客机迫降，是 2009 年 1 月 15 日全美航空 1549 号航班所创造的“哈德孙河奇迹”。

这架客机由机长切斯利•沙林伯格三世驾驶，从纽约拉瓜迪亚机场起飞，准备执行经停夏洛特道格拉斯机场，至西塔科—西雅图塔科马机场的 1549 号航班任务。

起飞时间是 15 时 26 分左右，起飞仅 1 分钟，机长就发现飞机两个引擎均遭遇飞鸟撞击，丧失全部动力。他沉着冷静要求旅客做好水上迫降的准备，然后以极精湛的技术，把飞机安全地迫降在哈德孙河上。首先让机尾入水，随后用机腹触水滑行，并缓缓地在曼克顿附近河面上停住。

飞机刚停下，机长便从容指挥乘客按照先妇孺后男子的顺序有序快速撤离，自己反复检查客舱两遍，确信空无一人后才最后撤退。机身开始下沉，5~7 分钟后，在附近船只、警方和消防队的蛙人和直升机的配合下，155 名乘员都被救起，无一人死亡。

故事解析

这次航空史上的奇迹出现的主要原因在于经验丰富的机长沙林伯格面临危机时的沉着冷静，从容不迫。这让他能集中全部心力积极应对事故，高效准确，争取了时间，避免了人员损失。

对待挫折必须真实，不能逃避，也不能退缩。最为重要的是，在挫折面前保持清醒的头脑，客观冷静地对待这一真实的存在。

临危不乱需要在精神层面上具备勇敢、在专业知识与实际操作中具备扎实的功夫，这些都需要平时的日积月累，踏实肯干做铺垫。一个注重全面修养的人能够更多地成功克服各种可能的挫折、逆境。

做一个抗逆的人，就是能率真的面对自我，素心为人，冷静处世；就是能品行如修竹傲立，操履严明、守正不阿；就是能做到才华应韫，德居人前，利在人后。因为抗逆，拥有自尊，因为抗逆，拥有自信。

故事穿越

1971 年 12 月，中国在罗布泊核试验场上要进行第 13 次核试验，这次是以强击机操作的全新尝试。

1971 年 12 月 30 日中午，兰空某师宋师长在指挥塔台上发出了起飞命令。飞行员杨国祥沉稳地握住操纵杆，驾驶着飞机向爆心上空飞去。杨国祥做这项工作已有很长时间，已经有丰富经验。

飞机飞抵靶心上空，塔台发出了投掷指令。杨国祥果断地打开了保险盖，推动投掷开关，然而原子弹却没有甩出去。杨国祥一愣，驾着飞机绕了一个“8”字，再一次投掷原子弹，还是没有甩出去。他又试了一次，仍然失败了。

周总理一直守候在电话机旁，听到报告，他果断指示：要相信飞行员的能力。一定要保证飞机安全着陆。为防意外，机场人员马上钻进地下工事隐蔽。

飞机载着原子弹在高空盘旋……此时的剩余油量已经不允许做第四次试投，驾驶员只有两种选择：弃机跳伞或带弹着陆。杨国祥把自己的生死置之度外，毅然决然地选择了后者。在宋师长沉着冷静的指挥下，杨国祥驾驶着飞机安全着陆了。

原子弹没有甩出去的原因其实很简单，是推脱装置出了点小问题。一个推脱装置生产厂家的老工人很快解决了这个问题。

1972 年 1 月 7 日 13 时，杨国祥又一次按动了投掷开关，原子弹终于被甩出去了，他驾机疾速逃离。

一道闪光划破万里长空，一声巨响惊天动地，一朵蘑菇云滚滚升起。

故事微语

驾驶飞机、投掷原子弹都是十分危险的行为，而两项的结合又是极端严峻的挑战。每一个参与其中的人都面临着生死考验。在上述故事中，从周总理到驾驶员杨国祥，都能够临危不惧，客观冷静地积极判断险情，果断决定行动方案，让命悬一线的危机消化得迅速彻底，最大限度地避免了损失。

越是在不可回避的逆境中，反而会让人产生不顾一切奋力一搏的巨大勇气，因而能够恢复冷静的状态，作出超乎寻常的漂亮回应，为人称颂。这就是人固有的抗逆力的一种体现。

“遇强则强”的道理已经深入人心，对于灾难、毁灭性打击不应束手就擒，被动屈服，而应以超脱的姿态，看到这些都是比较极端的情境演变，以越挫越勇的气势作出不遗余力的努力，用过人的克制力创造内心的冷静，基于之前的积累，通常能够顺利度过特殊的难关。

心灵箴言

三思而后行。

——孔子

机运永远战斗在谨慎者一边。

——[古希腊] 欧里庇德斯

不管发生什么事，都要冷静、沉着。

——[英] 狄更斯

一味的勇猛精进，不见得就有造就；相反，在平淡中冷静思索，倒更能解决问题。

——王小波

永不言败，没有妥协的理由

故事话题

美国励志电影《永不妥协》是基于真实事件拍摄的一部令人激动的影片：一个没有法律背景的单身母亲，历尽艰辛，以永不妥协的勇气和毅力打赢了美国有史以来最大的一宗民事赔偿案。片名原文《Erin Brockovich》，直译为艾琳·布罗克维奇，即剧中主人公的名字。

艾琳·布罗克维奇高中没读完便糊里糊涂辍了学，两次离婚，有三个孩子，情场失意之际，事业又遭遇翻船，转瞬又输掉一场志在必得的人身伤害官司。她的人生际遇真可谓灰到极点。没能替她打赢官司的艾德·马斯利律师出于同情和歉疚，安排她在自己的律师所打杂。

在工作中，艾琳被一处房地产的医学记录所困惑，于是开始查询相关的事件，还劝服了艾德一起加入调查。调查中，她逐渐发现一个被掩盖的污染水源，这一污染给当地居民造成了一系列的危害和疾病。

尽管居民们起初对艾琳的调查持不合作的态度，但最终艾琳用自己的恒心和真诚打动了他们。她动员了 600 人的原告团，克服不平等的困难，打赢了这场官司，并且获得了美国诉讼历史上最大的一宗赔偿——3.33 亿美元。这件事情使她证明了自己的价值，也使她获得了一个新的生活。

在这个英雄匮乏的年代，艾琳·布洛科维奇的故事堪称撼人、奇妙且带有一丝反叛的味道。主演朱莉亚·罗伯茨凭借在此片中的精彩表现，获 2001 年的奥斯卡最佳女主角奖。

故事解析

艾琳的遭遇验证了我国“否极泰来”的说法。虽然一直处于命运低谷，但她从未向命运低头，依然保持着善良、富于同情心、真诚直率、顽强毅力等高尚的品质，面对伤害与不平，她全力以赴，获取成功，获得大家的尊重。

一位名人说过：“没有永久的幸福，也没有永久的不幸。”厄运虽然令人忧愁、令人不快，甚至打击一个人几年、十几年，但厄运也有它的“致命弱点”，那就是它不会持久存在。

那些在生活中遭受接二连三打击的人，不要总是哀叹自己“命运不济”，你一定要相信：厄运不久就会远走，转运的一天迟早会到来，只要坚持努力争取自己及他人正当的利益。

正义、公正终将战胜邪恶、不公。为合理的权益奋斗，即使遭逢再大的困难，总能拨云见日，志得意满。抗逆力就是对正义公理的维护，是驱除一切人间丑恶的原动力。

故事穿越

在一家有名的博物馆，一面不太惹人注意的墙上挂着一幅特殊的画，画名是《将军》。画面上是一个人和一个魔鬼在下棋。图画中的人集合了所有的智能，在与魔鬼奋力拼杀。

这盘棋，象征着人类在世界上的生活，所以这盘棋局显得尤为重要，为了赢得胜利，双方都使出了浑身解数。可令人遗憾的是，局面出现的形势不容乐观，魔鬼最后的一步棋，将了人类一军，只要这颗棋子落定，那么人类必输无疑。

有一个人来参观，看到了这幅画，并且看懂了画中的含义，因此站在画旁不肯离去，最后忍不住大喊："魔鬼怎么能赢呢？怎么会有这样的事情？这个画家简直有问题！这是不可能的……"

这时，馆长闻声而来，了解了他的愤怒，于是和蔼地说："如果您真的懂下棋，不妨再看一看，也许您忽略了最重要的细节。"于是这个人再次凝视画面，不久，惊奇地说："我知道了，我知道了，还有一招！人类还有希望反败为胜！"

的确，或许真的有魔鬼经常使人濒于毁灭的边缘，可是，人类经常都有最后的一招——起死回生的一招，这正是希望。所有从失败中走出来并且获得成功的人，都有一个共性，那就是他们抓住了失败中的契机，抓住了希望。

故事微语

这个故事形象地说明，真正的逆境都是外强中干的魔鬼，一旦你掌握了燃烧虚伪的火把，它便只能落荒而逃。

真正的智者，总是站在有光的地方。太阳很亮的时候，生命就在阳光下奔跑。当太阳熄灭，还会有那一轮高挂的明月。当月亮熄灭了，还有满天闪烁的星星，如果星星也熄灭了，那就为自己点一盏心灯吧。无论何时，只要心灯不灭，就有成功的希望。

事物都是沿着螺旋上升的轨道不断演进，虽然困难，可能问题不断，但向上的趋势不可阻挡，抗逆力会带着你逆流而上，最终实现自己的愿望。

“不好走的就是上坡路”，越是艰难，越说明了正确性，所以，永不言败，决不妥协，直至完成自己的使命。

心灵箴言

成大事不在于力量的大小，而在于能坚持多年。

——[英] 约翰生

我的最高原则是：不论遇到什么困难，都绝不屈服。

——[法] 居里夫人

具有寻常的才干而具有不寻常的恒心，一切都可获致。

——[英] 巴克斯顿

只有彻底的行动，才是改变自己、改变自己周围社会的唯一途径。

——[日] 德田虎雄

安慰自己，给自己修复的时间

故事话题

加拿大第一位连任两届总理的让·克雷蒂安小的时候，说话口吃，曾因疾病导致左脸局部麻痹，嘴角畸形，讲话时嘴巴总是向一边歪，而且还有一只耳朵失聪。

听一位有名的医学专家说，嘴里含着小石子讲话可以矫正口吃，克雷蒂安就整日在嘴里含着一块小石子练习讲话，以致嘴巴和舌头都被石子磨烂了。

母亲看后心疼得直流眼泪，她抱着儿子说："克雷蒂安，不要练了，妈妈会一辈子陪着你。"克雷蒂安一边替妈妈擦着眼泪，一边坚强地说："妈妈，听说每一只漂亮的蝴蝶，都是自己冲破束缚它的茧之后才变成的。我一定要讲好话，做一只漂亮的蝴蝶。"

功夫不负有心人，经过长久的磨炼，克雷蒂安终于能够流利地讲话

了。他勤奋、善良，中学毕业时，他不仅取得了优异的成绩，而且还获得了极好的人缘。

1993 年 10 月，克雷蒂安参加全国总理大选时，他的对手大力攻击、嘲笑他的脸部缺陷，对手曾极不道德、带有人格侮辱地说：“你们要这样的人来当你们的总理吗？”然而，对手的这种恶意攻击招致大部分选民的愤怒和谴责。当人们知道克雷蒂安的成长经历后，都给予他极大的同情和尊敬。

在竞争演说中，克雷蒂安诚恳地对选民说：“我要带领国家和人民成为一只美丽的蝴蝶。”最后他以极高的票数当选为加拿大总理，并在 1997 年成功地获得连任，被加拿大人民亲切地称为“蝴蝶总理”。

故事解析

克雷蒂安小时候是个坚强的孩子，具有良好的抗逆力。知道自己的缺陷后他没有灰心丧气，而是积极寻求解决方法，然后坚定不移地进行修复，一种因为磨难产生的早熟让他自小便开始为自己的一生进行努力奋斗，而不像一般的孩子，由双亲或他人决定自己的一切。

面对成功的目标，每个人都有不足，对于不足，有的是自己清楚认识到的，有的却是潜在的，无论何种形态，抗逆力强的人都能够针对不足，一项一项地想办法克服，让自己逐渐具备成功需要的所有素质，做好充分的准备。

抗逆力强的人对成功有绝对的信心，能够承认自己的欠缺。即使有欠缺，他们也不会轻易放弃，而是安慰自己，相信微小的缺陷会有弥补的办法，积极寻找，收获后高效执行，尽快将自己修复至适合的状态，及时抓获成功的机遇。

故事穿越

谈迁是明朝末年的史学家，他呕心沥血二十七年，几经考证取舍，且六易其稿，终于在五十三岁那年完成了明朝编年史——《国榷》。

面对这部可以流传千古的史学巨著，谈迁心中的喜悦自然不必言说。然而，天有不测风云，他没有高兴多久，就发生了一件意想不到的事情。

一天夜里，盗贼进入谈迁家里来偷东西，见到家徒四壁，没什么可偷的东西，就随手拿走了上着锁的竹箱，以为锁在竹箱里的《国榷》原稿是什么值钱的东西。这部几乎耗尽了谈迁一生心血的著作，从此就下落不明了。

面对沉重打击，谈迁不禁老泪纵横。二十七年的艰辛奋斗没想到在转眼之间就化为了乌有，这样的事情对任何人来说，都是致命的打击。对年将六十、两鬓已开始花白的谈迁来说，无疑更是一个致命的打击。但谈迁并未就此沉沦，而是迅速从打击中挺立起来，下定决心再次从头撰写这部史书。

就这样，谈迁又重新踏上了“走百里之外，遍考群籍”之路。经过四年的不懈努力，终于第二次完成《国榷》初稿。初稿之后又开始了漫长的校正之路。经过前后又是十年的努力，又一部《国榷》重新诞生了。

新写成的这部《国榷》共一百零四卷，五百万字，相比前一部内容更为翔实精彩。谈迁的努力也终于给世人留下了宝贵的历史财产，因此他也留名青史、永垂不朽。

故事微语

厄运降临后，谈迁没有就此屈服，他重新开始，把第一稿作为练习，以更为严格的要求完成了更加完美的书稿。即使是灭顶之灾的厄运，也同样被踩在了脚下，成为走向更高处的奠基石。巨大的抗逆力叹为观止。

遭逢突变，生气是解决不了问题的，而像安慰别人那样安慰安慰自己，才会让伤感的心尽量平复，利于客观冷静考虑对策。

当我们受到伤害，或是受到挫折的时候，抑或是心情不顺的时候，首先想到的是得到安慰。这样的安抚不应寄托在他人身上，自己积极主动安慰自己，不但能够缓解内心的不适，还锻炼了自己的意志，具有多重好处。而他人的安慰，得之是幸，不得是正常，不要刻意强求，为自己平添烦恼。

人生存在各式各样的不足、缺陷，如果能笑对残缺，那么残缺也应当成为美的陪衬。

心灵箴言

假如青春是一种缺陷的话，那也是我们太快就会失去的缺陷。

——[美] 洛威尔

道德常常能填补智慧的缺陷，而智慧却永远填补不了道德的缺陷。

——[意] 但丁

人一般都宁可别人说他们有劣迹和罪恶，而不愿听别人说他们有缺陷和软弱。

——[英] 切斯特菲尔德

身体有缺陷者往往有一种遭人轻蔑的自卑，但这种自卑也可以是一种奋勇向上的激励。

——[英] 培根

抓住机遇，彻底摆脱困境

故事话题

雨果不朽名著《悲惨世界》里的主人公冉•阿让，本是一个勤劳、正直、善良的人，但穷困潦倒，度日艰难。为了不让家人挨饿，迫于无奈，他偷了一个面包，被当场抓获，判定为贼，锒铛入狱。出狱后，他到处找不到工作，饱受世俗的冷落与耻笑。从此，他真的成了一个贼，顺手牵羊、偷鸡摸狗。警察一直都在追踪他，想方设法拿到他犯罪的证据，把他再次送进监狱，他却一次又一次逃脱了。

在一个大风雪的夜晚，他饥寒交迫，昏倒在路上，被一个神父救起。神父把他带回教堂管吃管住，但他在神父睡着后，却把神父房里的所有银器席卷一空。因为他已经认定自己是坏人，就应该干坏事。不料在逃跑途中，被警察逮个正着，这次可谓人赃俱获。

当警察押着冉•阿让来到教堂，让神父认定失窃物品时，冉•阿让绝望地想："完了，这一辈子只能在监狱里度过了！"谁知神父却温和地对警察说："这些银器是我送给他的。他走得太急，还有一件更名贵的银烛台都忘了拿，我这就去取来！"冉•阿让的心灵受到巨大震撼。

警察走后，神父对冉•阿让说："过去的就让它过去，重新开始吧！"从此，冉•阿让决心洗心革面，重新做人。他搬到一个新地方，努力工作，积极上进。后来，他成功了，毕生都致力于救济穷人，做对社会有益的事情。

故事解析

生活、岁月很多时候是很无情的，原本老实本分的冉·阿让却无法生存，有饭吃时又成为警察追捕的目标，让他疲于奔命。幸运的是，神父给了他千载难逢的机会，人性尚未泯灭的他抓住了这一根救命稻草，通过自己的力量成为生活的主人，社会的有益分子。

其实这个世界上并没有绝对的绝望，绝望是主观的，只是一个人一相情愿的想法，因为绝望中必然有希望的曙光。

绝处逢生，说起来有点不可思议，而且总是给人以遥不可及的感觉。就像好莱坞的惊险电影一样，主人公眼看着就要被逼上绝路了，可是却突然出现了转机，或是化险为夷，或是柳暗花明，总之最后的结局都是圆满的。电影大部分都是虚构的，所以这些绝处逢生的情节，往往被视为导演的刻意安排。然而很多人却忘了一点——每个人都是自己人生的导演。

故事穿越

基督教信心疗法的创始人艾迪太太曾经陷于毫无希望的状态。那个时候的艾迪太太认为生命中只有疾病、愁苦和不幸。

她的第一任丈夫，在他们婚后不久就去世了。第二任丈夫抛弃了她，和一个已婚妇人私奔，后来死在一个贫民收容所里。

她只有一个儿子，却由于贫病交加，不得不在孩子 4 岁那年就把他送走了。她不知道儿子的下落，整整 31 年都没有再见到他。

她生命中戏剧化的转折点，发生在马萨诸塞州的林恩市。一个很冷的日子，她在城里走着的时候，突然滑倒了，摔倒在结冰的路面上，而且昏了过去。

她的脊椎受到了伤害，身体不停地痉挛，医生认为她活不了多久了，即使奇迹出现她能活下来，她也绝对无法再行走了。

躺在一张看来像是送终的床上，艾迪太太打开《圣经》，读到马太福音里的句子："有人用担架抬着一个瘫子到耶稣跟前来，耶稣就对瘫子说：'孩子，放心吧，你的罪被赦免了。起来，拿你的褥子回家去吧。'那人就站起来，回家去了。"

耶稣的这几句话使她产生了一种信仰、一种能够医治她的力量，后来她慢慢地能下床了，慢慢地开始能行走。对医生预言的战胜让她的内心燃起生命的熊熊烈火。她不但使自己恢复了正常，还根据自己的经验总结出一套心理疗法，惠及很多人。

故事微语

艾迪太太扭转自己命运的方法就是抓住圣人良言的劝诫，解除了医生预言的魔力，为自己树立起信心。因为能够抓住一个很普通的劝诫，她改善了自己的状况，获得新生。

圣经里的话，很多人能够看到，却在艾迪太太这里成为拯救命运的稻草，难得一逢的机遇，主要还是源于她圣洁的内心，纯净的信念，它们产生了巨大的力量，让屡受打击、不幸的艾迪太太彻底脱离了无望的泥潭，进入新的生活。

任何一个人总有自己相信的东西，在生活的逆流中几乎沉沦的人不妨去接触自己相信的事物，在它们中间找到让自己生存乃至成功的机遇，很有希望一举跃进成功者行列。

心灵箴言

来而不可失者时也，蹈而不可失者机也。

——苏轼

人不能创造时机，但是他可以抓住那些已经出现的时机。

——[英] 雪莱

一个人不论干什么事，失掉恰当的时节、有利的时机就会全功尽弃。

——[古希腊] 柏拉图

从容不迫地谈理论是一件事，把思想付诸实行——尤其在需要当机立断的时候，——又是一件事。

——[法] 罗曼·罗兰

提升能力，成为自我世界的强者

故事话题

《鲁滨孙漂流记》由英国作家丹尼尔•笛福所著，作者用生动逼真的细节把虚构的情景写得使人如同身临其境，使故事具有强烈的真实感，是一部家喻户晓的现实主义回忆录式冒险小说。讲述了商人鲁滨孙在前往非洲的过程中不幸流落荒岛的故事，告诉我们要自立自强。

小说的创作受到一个真实事件的启发。1704 年 9 月，一名叫亚历山大•塞尔柯克的苏格兰水手与船长发生争吵，被船长遗弃在大西洋中的离智利有 400 英里之遥的安•菲南德岛上达 4 年 4 个月之久，4 年后，他才被伍兹•罗杰斯船长所救，已经成为一个野人。

20 世纪初，一架飞机在太平洋上空失事，一头栽进了大海里。其中一个人奇迹般生还了，但却流落到了一个孤岛上。

他在岛上整整待了三年，最后被偶然路过这里的一艘轮船搭救。后来，记者采访这位“现代鲁滨孙”，问他经历了这场磨难后，到底有什么感想。

他回答说：“很难想象，飞机坠毁后，我居然活了下来。但周围是什么呢？除了大海还是大海，这个孤岛就像一个露天的牢房，你根本不要想着能逃出去。于是，我意识到自己只有先活下来。我想尽一切办法填饱肚子，然后绞尽脑汁思考怎样不会被风吹雨打。有一天，我终于有了一个感叹：如果我有新鲜的淡水可以喝，有足够的食物可以吃，那么就绝不会再抱怨任何事……”

故事解析

赤裸裸的事实告诉我们，一定要注重自己能力的提升，才能成为自己生活的主宰。

有时，困境恰恰就好比孤岛，当你发现逃不出去，没有食物，也没有淡水的时候，就容易感到绝望。但假如你是一个优秀的“人生导演”，那么绝不会为这些状况而消沉太久的时间，因为你有活下去的愿望，所以会想尽一切办法寻找食物和淡水。虽然你游不出大海，但大海里面丰富的鱼虾和海藻，不正是可口的食物吗？这些东西到了餐厅的餐桌上，可价值不菲呢！这些荒岛上的植物，难道没有可以充饥的吗？虽然没有淡水，但下雨过后的积水难道不能饮用吗？……所以，绝处能不能逢生，靠的不是运气，也不是谁的怜悯，而取决于你踏踏实实的努力。

尽己所能，尽量多地学习、关注各行各业人的生活，纵横交错，最大程度地了解丰富广博的生活，在深陷逆境时才能够游刃有余，轻松解脱。

故事穿越

当代心理学硕士陈琳发现，很多所谓的“社会底层人士”，他们非常勤奋，非常努力，但是生活却依然没有改善。王亮是其中很有典型性的。

王亮家境贫寒，根本没有接受高等教育的机会，高中毕业后去一家轴承厂当了工人。工作非常简单，就是用砂纸磨零件，每天要站 10 个小时，特别辛苦。他在工厂里一待就是十年，之后离开工厂，四处漂泊。擦过皮鞋，卖过膏药，当过小贩……如今他年过不惑，虽已成家，但还没有立业，生活一直比较窘迫。

王亮的经历看似不符合“天道酬勤”的规律，陈林问他：“在这么多年当中，你有没有遇到过不错的机遇？”王亮想了想说：“当然有啊，有好几次呢。最让我感到遗憾的就是当工人的时候，本有一个机会晋升主任，但是却被别人挤掉了，原因好像因为我的学历不够，可我就觉得无法理解，和学历有什么关系，实际管理当中看的是能力……”

陈林反问：“如果你学历符合要求，是不是可以晋升呢？”他立刻感叹：“啊！那是当然啦！我当时是第一人选……”陈林接着反问：“你既然在工厂里做了那么长时间，为什么没有找机会多学习一下呢？”王亮一时无言以对。

陈林将王亮这样的人称为“虚拟成功者”，没有任何意义。他们清楚地知道自己的短处何在，却从没有勇敢去攻克，所以生活得不到实质的改善。

故事微语

王亮的故事告诉我们，很多困于生活较低层面的人，其实不缺乏勤劳的品质，但是因为不注重或说不敢去正视乃至克服自己的短板，虽然生活了几十年，生存能力却未得到提升，所以只能在一个比较贫乏的层面打转转，原地踏步。

学习、提升与自己的命运、地位攸息相关，对于改善自身处境的技能一味躲避，结果只能是被更好的生活抛弃。学习、提升有难度，但也是可以通过努力实现的，自己知难而退，就是自甘落后，沦为弱者。

对付逆境，要清楚自己的不足所在，想方设法弥补、提升，才能从根本上扭转逆境，步入更高远、开阔的人生境界。

心灵箴言

不知则问，不能则学。

——董仲舒

人生的价值，并不是用时间，而是用深度去衡量的。

——[俄] 列夫·托尔斯泰

应当随时学习，学习一切；应该集中全力，以求知道得更多，知道一切。

——[苏联] 高尔基

培育能力的事必须继续不断地去做，又必须随时改善学习方法，提高学习效率，才会成功。

——叶圣陶

第五篇

积极心态，为心灵披上五彩霞衣

生活的快乐与否，完全决定于个人对人、事、物的看法如何。如果我们想的都是欢乐，我们就能欢乐；想的都是悲伤就会悲伤。在生活中，应该尽量保持一种乐观的心境。即使面对逆境，也应该相信：理性的态度、正视的勇气，仍然能够让你真心微笑。

乐观面对，任何事情都会成为过去

故事话题

伊东·布拉格是美国历史上第一位获普利策奖的黑人记者。小的时候他的家里很穷，父亲是一个出身卑微的水手，常年往返于大西洋的各个港口，也正因为这样，小布拉格能跟随父亲一起领略到很多异国风景。

这天，水手父亲带着小布拉格去参观凡·高的故居，当看过那张倾斜的小木床以及裂开很大缝隙、修修补补过很多次的皮鞋之后，小布拉格问父亲："人们不是都说凡·高是位百万富翁，怎么生活这么穷困?"父亲回答说："不是，凡·高生前是一位连妻子都娶不上的穷人。"

第二年，父亲又带小布拉格去了丹麦，在安徒生的故居前，布拉格又困惑地问："爸爸，安徒生不是一直生活在皇宫里面吗?"父亲答："不是，安徒生是一位鞋匠的儿子，他生前大部分时间都生活在这栋阁楼里面。"

20年后，在普利策奖颁奖典礼结束后的晚宴上，有记者请问伊东取得胜利的原因。伊东深情回忆了自己的童年生活，最后说："那时我们家很穷，父母都靠出卖苦力为生。有很长一段时间，我一直认为像我们这样地位卑微的黑人是不可能有什么出息的，好在父亲让我认识了凡·高和安徒生。这两个人的经历告诉我，上帝没有轻视卑微，人生的成功与起点高低无关，关键是看我们自己能否朝着正确的方向努力前进。"

故事解析

父亲悉心的教育让贫困的伊东拥有了正常人的信心与乐观，正常的心态引领他走向突破的高地。

在逆境中不妨微笑。生活的快乐与否，完全决定于个人对人、事、物的看法如何。主观感受在很大程度上影响着生活观念。如果我们想的都是欢乐的念头，我们就能欢乐；如果我们想的都是悲伤的事情，我们就会悲伤。因此在生活中，我们应该尽量保持一种乐观的心境。

然而面对逆境，这样做起来就不容易了，但是我们应该相信，在逆境之中，理性的态度，正视的勇气，是你能够真心微笑的基础。

要积极、广泛地学习、了解他人的情景，特别是功成名就的人，将自己的挫折与成功者曾经的经历相对照，很多之前不能跨越的沟坎其实并不能构成实质性的障碍。经过这样的学习，自己就能够建立起良好的心态，积极争取自己的成功。

故事穿越

1967 年，帕特?莱利满怀希望地踏进了 NBA 的球场，那时他是圣地亚哥火箭队的首轮新秀。

1967—1968 赛季，新秀莱利在火箭出场 80 次，场均得分为 7.9 分。第二年他的个人场均将得分提高到 8.8 分，然而不幸的是赛季后段莱利膝盖撕裂，这次受伤严重影响了他的运动生涯。

1969—1970 赛季，莱利只打了 36 场比赛，并在赛季结束后的扩军选秀中被火箭队放弃，而 NBA 新军波特兰开拓者队在接收莱利后又转手将他交易到了洛杉矶湖人。作为当年著名的湖人替补席中的一员，莱利在洛杉矶度过了整整 5 个赛季。

1976 年，本来以为可以创造奇迹，但被伤痛困扰的莱利无奈之下只能选择了退役。这样的结果，迫使他离开了长久以来从事的行业，同时也让他离开了被他视为生命中一部分的人际关系、友谊，一个固定的场所和一份工作。

虽然莱利心里非常痛苦，甚至充满了愤怒，可面对这种改变，他无能为力。但是，莱利没有沉溺于自怨自艾，而是选择了到球场从事很基层的工作，先是做巡回赛秘书，然后做湖人队比赛的广播评论员。没过多久，他就担任了助理教练，两年后他已成为湖人队的总教练。

他带领湖人队在上世纪 80 年代创造的“SHOWTIME”时代，至今仍被人津津乐道。莱利在执教湖人的 9 个赛季中拿到了 4 个总冠军，1993 年带领尼克斯进入了总决赛。莱利也因此被人称为“神算子”。

故事微语

莱利的篮球生涯充满曲折、挫折，可以说他一直处身逆境，中间他不得不从最低层重新做起。但他从未在意志上屈服，一直乐观地看待钟爱的篮球事业，甘心于其中的每一件不起眼的小事，直至获取成就。

抗逆力最主要的是强大的内心，拥有健康、乐观的心态，人的一生可以说没有过不去的沟壑，跨越所有阻碍，不断趋于成功。

逆境虽然黑暗，但只能是短暂的、相对的，修养乐观、积极的心态是能够伴随一生，用之不竭的源泉、财富，至关重要。

面对逆境，要么人们发挥出主观能动性，用坚忍不拔的精神冲破禁锢自己的牢笼；要么在遭遇困境后，半途而废，最终落得一事无成。两者的差异就是抗逆力上的差别。大多数情况下，抗逆力高的人往往都具有十分乐观的心态，尤其是在面对生活中的困境时，他们往往能够愈挫越勇，因此也更容易走向成功。

心灵箴言

永远以积极乐观的心态去拓展自己和身外的世界。

——曾宪梓

一切的和谐与平衡，健康与健美，成功与幸福，都是由乐观与希望的向上心理产生与造成的。

——[美] 华盛顿

乐观是希望的明灯，它指引着你从危险峡谷中步向坦途，使你得到新的生命、新的希望，支持着你的理想永不泯灭。

——[英] 达尔文

忧愁、顾虑和悲观，可以使人得病；积极、愉快和坚强的意志和乐观的情绪，可以战胜疾病，更可以使人强壮和长寿。

——[俄] 巴甫洛夫

微笑释然，抛弃心灵的包袱

故事话题

美国励志大师戴尔·卡耐基事业刚起步时，在密苏里州举办了一个成人教育班，社会反响很好。但由于没有经验又疏于财务管理，他投入了很多资金用于广告宣传、租房、日常的各种开销，最后所取得的经济效益很糟糕，一连数月的辛苦劳动竟然没有什么回报，收入只是刚够支出的，可以说根本没有什么收益。

卡耐基为此很是苦恼，他不断地抱怨自己的疏忽大意。这种状态持续了很长时间，他整日闷闷不乐，神情恍惚，无法将刚刚开始的事业进行下去。最后，卡耐基只能去找他中学时的生理课老师乔治·约翰逊，向他寻求心灵上的帮助。老师对他说了一句话："不要为打翻的牛奶哭泣。"

"别为打翻的牛奶哭泣"（Don't cry over spilled milk.），是英国古代的一句谚语，意即事情已不可挽回，就别再为它苦恼了。看似简单的一句话，却意义深刻，告诉我们一种对待错误和失误的心态。古老的谚语，说起来虽然很轻松，却很少有人能真正做到。

老师的这句话如同醍醐灌顶，卡耐基的苦恼顿时消失，精神也振作起来。"是的，牛奶被打翻了，漏光了，怎么办？是看着被打翻的牛奶伤心哭泣，还是去做点别的？记住，被打翻的牛奶已成事实，不可能重新装回瓶中，我们唯一能做的，就是找出教训，然后忘掉这些不愉快。"这段话是卡耐基经常对学生讲，同样也经常对自己讲的。

故事解析

很多古老的生存智慧是永恒的真理，20 世纪的卡耐基依然能从中收益，然后作为人生警言不断地传播给更多的人，让更多人成功克服生活的困局。中国也有“覆水难收”这个成语，可见普遍的生活真理不分地域均适用。

人生在世，有得有失，有盈有亏。得到了名人的声誉或高贵的权力，同时就失去了做普通人的自由；得到了巨额财产，同时就失去了淡泊清贫的欢愉；得到了事业成功的满足，同时也失去了眼前奋斗的目标。一个不懂得什么时候该失去什么的人，就是愚蠢可悲的人。谁违背这个过程，谁就会像贪婪的吝啬鬼，累倒在地，爬不起来。

要知道失去是不可避免的，但你一定要学会从失去中获取。懂得从失去中获取的人，不论生活中出现什么样的恶劣状况，他都能从容应对，他的生命一定会更充实。

故事穿越

伊丽莎白·巴莱特，英国著名女诗人，出生于一个富裕的资产阶级家庭，从小就显现了好学的天性和文学上的才能。

她从没受过正式教育，凭着自修，精通了古希腊文，还学会了拉丁文和欧洲好些国家的语言。她在英国西南部乡间长大，本是个活泼的女孩子，爱好大自然，爱骑着小马在绿原上驰骋。

但是在15岁那年，有一次骑马不幸跌损了脊椎，从此她就失去了可贵的健康，20几年来一直是禁锢在床上的病人。

不久，她的母亲去世了，以后弟弟爱德华成了她最亲爱的人，陪着她在乡间养病，却不幸溺死在她窗前望得见的那条河流里。

她回到伦敦的温波尔街，和家里的人住在一起。伦敦阴寒潮湿的气候对于患慢性疾病的人是有害的，她的身子越来越坏了。但她还是承担起人生的辛酸，坚韧地活下去，把她的悲哀和希望都写进诗歌里。

1844年，她的两卷本诗集出版，她因此结识了另一位诗人罗伯特·白朗宁。他使后来成为他妻子的伊丽莎白·巴莱特重获新生。

他对她一见倾心，见面一两天后，就给她写来热情洋溢的信。他否认她有任何疾病，消除了她的恐惧。两人的爱情，促使她的写作生涯达到巅峰，著名的《葡萄牙人十四行诗集》就诞生于这个时期。

她的健康状况越来越好，能够自如地行动了，令周围人吃惊。后来两人成婚，一起度过了15年幸福的生活。

故事微语

原本，伊丽莎白的生活黯淡无光，虽然有作品被认可、发表，也只能算是悲惨的命运努力挣扎所得的微薄回报，对她的人生产生不了根本的改变。而因为白朗宁对她炽热、真诚的爱才真正带给她生活的生机与活力，从身体到精神都让她体会到由衷的温暖、振奋，一旦心灵释怀，不但身体，而且诗歌的成就也被激励到顶点。放下了心灵包袱的伊丽莎白享受到了以前只存在于自己幻想中的生命的欢愉。

这件史实让人们看到正面、向上的心灵和心态的积极作用。有了无视疾痛的勇气，身体真的能够好转起来，快乐的心境更是日日萦绕不去。

拥有健康、阳光的心态才能享受到快乐、阳光的生活。

心灵箴言

将欲取之，必先予之。

——孙子

得之，我幸；不得，我命。

——徐志摩

夫唯不争，故天下莫能与之争。

——老子

你若爱，生活哪里都可爱。你若恨，生活哪里都可恨。你若感恩，处处可感恩。你若成长，事事可成长。不是世界选择了你，是你选择了这个世界。既然无处可躲，不如傻乐。既然无处可逃，不如喜悦。既然没有净土，不如静心。既然没有如愿，不如释然。

——丰子恺

强大内心，是最安全的保护伞

故事话题

比尔·波特是美国成千上万的推销员中的一个，然而，他的工作却比一般人要艰难得多。

他出生于 1932 年，母亲生他时，大夫用产钳助产，却不慎夹碎了他大脑的一部分，导致他患上了大脑神经系统瘫痪，影响到对说话、行走和肢体的控制。比尔长大后，福利机关将他定为“不适于被雇用的人”，专家也认为他永远不能工作。

然而，比尔的母亲却没有对自己的儿子完全失望，她总是鼓励比尔去做一些力所能及的事情，她一次又一次对他说：“你能行，你能够工作，能够自立！”

比尔受到母亲的鼓励后，开始从事推销工作。他从来没有将自己视为残废人。最初，他向福勒刷子公司申请工作，被拒绝了。接连几家公司都没有雇佣他。但比尔没有放弃，最后，怀特金斯公司很不情愿地接受了他，但也提出了一个条件——比尔必须接受没有人愿意承担的波特兰、奥根地区的业务。

虽然条件苛刻至极，但毕竟有了第一份工作，比尔当即就答应了。

1959 年，比尔第一次上门推销，犹豫了 4 次，他才鼓起勇气按响门铃。第一家人没有买他的商品，第二家、第三家也一样……但他坚持着，即使人们对他的产品丝毫不感兴趣，甚至嘲笑他，他也不灰心丧气。

他每天工作及路上的时间大约有 14 个小时，他的关节会痛，偏头痛也时常折磨着他，但他坚持下来，取得了成绩，成为业内标杆人物。

故事解析

比尔的身体存在无法弥补的缺陷，却仍然获得了成功，他依赖的是自己强大的内心。他相信母亲对他的看法，更相信自己的能力，他坚定的内心带给残疾的他与正常人一样的荣誉。

“一个人最大的危险是迷失自己，特别是在苦难接踵而至的时候……命运的天空被涂上一层阴霾的乌云，她始终高昂那颗不愿低下的头。因为她胸中有灯，它点燃了所有的黑暗。”这是记者报道某位女强者的话，但放在比尔这里同样适用。

命运对比尔很不公平，但他却从不把自己看得与一般人不同，他坚信自己能够像正常人一样凭借自己的努力生存，甚至拥有幸福美满的人生，他做到了。

当不幸、挫折不断莅临，没有人能够逃避，而最有效的应对力量就是构成抗逆力主体部分的强大内心、积极心态。从当下开始，积极修炼健康的心理，营建自己光明的人生道路。

故事穿越

美国生物学家曾对与人类同为灵长类动物的狒狒进行研究，其结果令人感慨。据说狒狒家族的地位等级森严，生物学家试图从狒狒的就餐次序上得到求证。

他们将一只狒狒首领与一只最小的狒狒分别关进一个笼子里，待其他狒狒用完餐后才将它们放出来进餐。每次，狒狒首领在笼子里看到别的狒狒进餐时，它便烦躁地在笼子里又跳又咬又抓，直到把自己弄得浑身伤痕、精疲力尽为止。被放出来后，它也会将食物打翻在地，甚至拒绝进食。而那只最小的狒狒，则在笼中表现得悠然自得，最后放出来的时候，尽管狒狒首领已经将食物打翻，它也不介意，照样吃得津津有味。

生物学家们得出的结论是：“因为狒狒首领平时总是第一个进餐，所以它在笼子里看到别的狒狒先进餐，便会发怒。而那只最小的狒狒，因为平时就是最后一个进餐，当别的狒狒先进餐时，它习惯地等着，所以它最后进餐会很平静。”

美国某大学的科研人员进行过一项有趣的心理学实验，名曰“伤痕实验”：每位志愿者都被安排在没有镜子的小房间里，由好莱坞的专业化妆师在其左脸做出一道血肉模糊、触目惊心的伤痕。志愿者被允许用一面小镜子看看化妆的效果后，镜子就被拿走了。

关键的是最后一步，化妆师表示需要在伤痕表面再涂一层粉末，以防止它被不小心擦掉。实际上，化妆师用纸巾偷偷抹掉了化妆的痕迹。

对此毫不知情的志愿者被派往各医院的候诊室，他们的任务就是观察人们对其面部伤痕的反应。规定的时间到了，返回的志愿者竟无一例外地叙述了相同的感受——人们对他们比以往粗鲁无理、不友好，而且总是盯着他们的脸看！

可实际上，他们的脸上与往常并无二致，什么也没有；他们之所以得出那样的结论，看来是错误的自我认知影响了判断。

这真是一个发人深省的实验。

故事微语

实验表明，维护自己在社交中尊严、地位的，除了不能抹煞的实力而外，一个平和、坦然的心态是重要支柱。

通过人生的沟沟坎坎，谁都不免留下或大或小的疤痕，虽然倾诉与宣泄能够在一定程度上减轻当事者的受挫感，但科学研究表明，并不是倾诉得越多越好。倾诉自己的不幸、逆境要适可而止，如果整日深陷其中，张口闭口不更换其他内容，反而会在别人的心里为自己塑造失败者的形象，形成一种共识之后，强大的内心力量会在很大程度上阻拦你的进步。

与此同时，自己的内心也会建立起弱者、无能的概念、标签，想要更改的话，会很困难。这就是内心力量的强大。

为了应对生活中的种种困难，还是要多多运用理想的心态，从心理层面对自己形成必将成功的暗示。

心灵箴言

一个朝着自己目标永远前进的人，整个世界都给他让路。

——[美] 埃默森

做一个一流的卡车司机比做一个不入流的经理更为光荣，更有满足感。

——[美] 福布斯

人们总是把成败归因于环境，事实上，功成名就者总是努力寻求他们需要的环境，如果找不到，他们就创造它。

——[爱尔兰] 萧伯纳

如果一个人是清洁工，那么他也应该像米开朗基罗绘画、贝多芬谱曲、莎士比亚写诗一样，以同样的心情来清扫街道。他的工作如此出色，以至于天空和大地的居民都会对他注目赞美！

——[美] 马丁·路德·金

关爱自己，懂得爱的真谛

故事话题

洛克菲勒年轻的时候到处流浪，得过且过。但他一直期望自己有一天能够有一笔任由自己支配的巨大财富。一次他来到了距离家乡很远的一个偏僻小镇，结识了镇长杰克逊先生。

杰克逊先生已经年过五旬，当镇长很多年了，但是镇上的人们却从未想到更换人选。的确，杰克逊是担任镇长的最佳人选，他性格开朗、平易近人，心地十分善良。

每次遇到洛克菲勒时，镇长都会停下忙碌的脚步问这个独在异乡的年轻人有什么需要帮忙的地方。当洛克菲勒需要一些生活用品时，热情的镇长夫人总是会十分高兴地给予帮助。

镇长家门口有一小片花圃，里面打理得井井有条，各色花朵明艳美丽。洛克菲勒住的小旅馆就在镇长家斜对面，他经常站到旅馆的大门前向远方遥望，每次他都会远远地欣赏那些花。

过了一段时间，洛克菲勒感到一无所获，决定离开这里。但连续几天的阴雨天气耽误了他的行程。等雨彻底停止后，洛克菲勒看到来来往往的人们把花圃践踏得不成样子。他为此感到气愤不已，指责那些路人。可是情况没有一点好转。

第三天，镇长拿着一袋煤渣和一把铁锹，铺好了泥泞的道路。人们都走上铺好的路面，没有人再践踏花圃。

洛克菲勒若有所思，他发现了自己的收获：善待别人就是善待自己。直到成为闻名于全美的石油大王，洛克菲勒依然牢牢地将这句话铭记在心中。

故事解析

杰克逊先生用自己的实际行动教给洛克菲勒一个真理：人间需要关爱，而每个人关爱自己是其基础，对别人的关爱就是对自己的关爱。由爱己到爱人，爱人亦是爱己，这就是世间能够温馨和谐的真谛。

为了生活中的其他人进行自我压力管理固然没错，但是，你必须同时为自己负责。自尊的基本意义就是认识关爱自己的价值。当然，这意味着你能更好地关爱他人。佛教有云：“化身为照耀自己的一道光芒。”认识自己，关爱自己，这样，你将学会如何爱，如何欣赏以及如何尊重自我。

没有人比你更了解你自己，如果你不试着理解自己，就不要奢望别人理解你。因此，一定要理解、分析、培育、尊重自己。剩下的一切，包括引起生活压力的所有因素，都将回归原位。

产生压力的时候，你应该知道，外界压力不会改变你的身份和价值，也不会改变关爱自己的个性化及宝贵程度。

故事穿越

在美国芝加哥市的西北角，有一个名叫罗爱德的小镇。前不久，该镇的教育机构为镇里一位女教师举办了一次摄影展览，展出的都是该教师以女儿为主人公的生活照片。出人意料的是，从美国各地来了2800多位记者，打破了美国个人摄影展览采访记者人数的历史纪录。

这位女教师叫露依丝，今年45岁，自1991年起一直在当地小学任教。她生活很一般，唯一与众不同的，就是坚持每天给女儿珍妮照一张像，从女儿出生到20周岁，足足照了20年，照了7300多张。她把这项活动称，“女儿每天都是新的”。

展览馆共有八层展厅，平心而论，这些照片本身都没有什么高超之处，从拍摄技术到画面内容，都很是平凡，甚至有千篇一律之嫌。

然而，就是这些平凡的照片轰动了整个美国，扬名于世界，因为它体现了露依丝对女儿珍妮永恒的爱。去年，露依丝因此被评为优秀教师。

永恒就是美丽，执着就是艺术，平凡铸就伟大。这是人们对露依丝这一活动的评价。

故事微语

露依丝的行为真切地体现了人们对自己的关注度之高。每个人都关注自己、自己的家人，只是，露依丝在这一点上做到了某种极致，形成了一个颇具影响的事件。

美国曾经做过调查，在通信内容中，出现频率最高的字眼就是“我”，这一现象充分说明人们普遍的自我关爱的心理倾向。爱，就是源出于每个人对自己的爱，爱自己才可能爱别人，能够设身处地为别人着想，在人际的空隙填补上浓郁的人情色彩。

关爱自己是很多美好言行的出发点，对生活中的挫折、逆境有意无意地起到了消解、减弱的作用，是抗逆力最本源的所在。有时候当事人未必有清楚的意识，但是他出于关爱自己而生发的很多美好的言行，却能够为他人提供实实在在的正能量，带动自己的环境以致整个世界都更加美丽动人。

心灵箴言

挣断伤害心灵的锁链，永远放弃忧郁的人有福了。

——[古罗马] 奥维德

不要老是去计算自己的不足，而要看到自己比他人强的地方。

——[美] 卡耐基

我们必须接受失望，因为它是有限的，但千万不可失去希望，因为它是无穷的。

——[美] 马丁·路德·金

如果你很有天赋，勤勉会使天赋更加完善；如果你的才能平平，勤勉会补足缺陷。

——[英] 雷诺兹

投入生活，享受每一刻

故事话题

有一次，孔子带着他的几个学生到吕梁游览，观赏美妙的大自然景色。

只见那里的瀑布飞流而下，从三千仞高处直泻下来，溅起的水珠泡沫直达40余里之外。瀑布冲成一条水流湍急的河，这里不适合鱼鳖类水族动物生活。然而，孔子却突然发现一个汉子跳入水中畅游。孔子大吃一惊，以为他有什么伤心事欲寻短见，于是，立即叫自己的学生顺着水流赶去救那个人。

不料，那汉子在几百步远的地方又露出了水面，上得岸来，披着头发唱着歌，在堤岸边悠然地走着。孔子赶上前去，诚恳地问他说："我还以为你是个鬼呢，仔细一看，你实实在在是个人啊！请问，游水有什么秘诀吗？"

那汉子爽快地一笑说：没有，我没有什么游水的秘诀，我一开始时是出于本性，其后按照天生的习性，达到今天的境地，全是顺应自然。我能顺着漩涡一直潜到水底，又能随着漩涡露出水面，完全顺着水流的规律，而不以自己的生死得失来左右自己的行为，这就是我游得好的道理。

孔子对他说的本性、天生的习性、有所成就是顺应自然不甚了了，汉子便热情为他解释："生在丘陵，就去适应山地的生活环境，这叫作出自本来的天性；长在水边，则去适应水边的生活环境，这就是成长顺着生来的习性；不是有意却是自然而然地做，这就叫顺应自然。"

孔子听了汉子的一番话，若有所悟地点头而去。

故事解析

水性了得的汉子是投入生活、享受生活的真正智者，他顺应人性、自然规律的做法是他快乐生活的保证。

抗逆力讲求顺应规律，而不是违背规律的硬来，那样只会招致惨败的教训。有良好的抗逆力需要更深入地投入生活，全面了解、把握自己的生活环境、状况、整个时代演进的趋势，做出合时宜的判断，由此形成的动作才能够真正愉悦心扉，得到甘甜的果实。

抗逆力不等于盲目的逆动，很多时候，对逆境的克服方法反而是顺应、融合，因为所谓的逆境有时候只是自己错误、狭隘的判断，与大的潮流相逆，这种情况下，只有调转自己的动向，才是最好的抗逆。

投入意味着真切的理解、掌握，需要热爱生活、积极行动，无限拓展自己在社会上的进程，接触更多的人、事、景，在天地之无字大书中实现自己的成功。

故事穿越

大热天，院子里的花被晒枯萎了。“天哪，快浇点水吧！”徒弟喊着，接着去提来了一桶水。“别急！”智者说，“现在太阳晒得很，一冷一热，非死不可，等晚一点再浇。”

傍晚，那盆花已经成了“霉干菜”的样子。“不早浇……”徒弟见状，咕咕哝哝地说，“一定已经干死了，怎么浇也活不了了。”

“浇吧！”智者指示。水浇下去，没多久，已经垂下去的花，居然全站了起来，而且生机盎然。

“天哪！”徒弟喊，“它们可真厉害，憋在那儿，撑着不死。”

智者纠正：“不是撑着不死，是好好活着。”

“这有什么不同呢？”徒弟低着头，十分不解。

“当然不同。”智者拍拍徒弟，“我问你，我今年八十多了，我是撑着不死，还是好好活着？”

徒弟低下头沉思起来。

晚课完了，智者把徒弟叫到面前问：“怎么样？想通了吗？”

“没有。”徒弟还低着头。

智者严肃地说：“一天到晚怕死的人，是撑着不死；每天都向前看的人，是好好活着。得一天寿命，就要好好过一天。”

故事微语

这个小故事很形象地讲清楚了享受生活的意义。每个人都在生活，但其感受千差万别。只有承认并接受困难，全身心奋斗的人才是真正在享受生活，才能从生活中得到乐趣。

美国作家诺瑞丝拥有一套轻松面对生活的法则：人生比你想象中好过，只要接受困难、量力而为、咬紧牙关就过去了。人生是一场学习的过程，你跨出的每一步，都有助于你的学习之旅。面临生活考验时，耐力越高，通过的考验也越多。要放松心情，靠意志力和自信心冲破难关。

保持积极的人生观，可以帮助你了解逆境其实很少危害生命，只会引起不同程度的愤慨，何况一定的压力也有好处。舒适安逸的生活无法带给人快乐与满足，人生若是少了有待克服的障碍、有待解决的问题、有待追求的目标、有待完成的使命，便毫无成就感可言了。

接二连三的打击则是最好的生活导师。享乐与顺境无法锻炼人格，逆境却可以。一旦征服了难关，遇到再糟的情况也不会惊慌。

人生有甘也有苦，物质环境的优劣与生活困厄的程度毫无瓜葛，重要的是我们对环境采取何种反应。接受好花不常开的事实，日子会优哉许多。

心灵箴言

懒人无法享受休息之乐。

——[英] 拉布克

创造者才是真正的享受者。

——[法] 富尔克

节制使快乐增加并使享受加强。

——[古希腊] 德谟克利特

能忍受自己的人才能享受空闲。

——[美] 葛瑞伯

心灵榜样微史话

柳公权

柳公权 778 年—865 年，字诚悬，唐代书法家，楷书四大家之一。汉族，官至太子少师，世称“柳少师”。柳公权书法以楷书著称，与颜真卿齐名，人称颜柳。他的书法初学王羲之，后来遍观唐代名家书法，认为颜真卿，欧阳询的字最好，便吸取了颜、欧之长，在晋人劲媚和颜书雍容雄浑之间，形成了自己的柳体，以骨力劲健见长，后世有“颜筋柳骨”的美誉。

柳公权是唐代的大书法家。一次，他到京城办公事，当时的皇帝唐穆宗说：“我曾经在佛庙里看见过你的字，早就想见你了。”为了嘉奖柳公权，皇帝升了他的官，然后又问柳公权用笔的方法，他回答说：“心里正直笔才会拿得正，才可以叫作书法。”唐穆宗马上变了脸色，以为柳公权是用笔法来向他提意见。

鲍威尔

鲍威尔 1963 年 11 月 10 日出生于美国的费拉德尔菲亚。他从小喜爱体育运动，高中时期曾是校篮球队队员，后来改练跳远。迈克·鲍威尔（MIKE POWELL）是美国优秀的男子跳远运动员，1991 年他以 8.95 米的成绩打破了比蒙保持了近 23 年的男子跳远世界纪录。

奥逊·威尔斯

奥逊·威尔斯，1915 年 5 月 6 日生于美国威斯康辛，1985 年 10 月 10 日逝世于洛杉矶，是集演员、导演、编剧、制片人等多种角色于一身的电影天才。作为演员，他参与了一百多部电影（包括配音）；作为编剧，他写了 42 个剧本；作为导演，他执导了近 40 部影片。1975

年，AFI 授予威尔斯终身成就奖，不过，奥逊·威尔斯对于电影的贡献，令无数后人仰望，这远远胜过任何荣誉。奥逊·威尔斯是美国历史上一位罕见的具有重要文化意义的电影家。

张治中

张治中 1890.10.27—1969.4.6，中华民国高级将领，著名爱国将领，原名本尧，字文白，黄埔系骨干将领，国民党陆军二级上将。民革领导人之一。

辛亥革命后，在上海参加学生军。1916 年毕业于保定陆军军官学校第三期步兵科。1924 年后，任黄埔军校学生总队长、军官团团长。1926 年参加北伐，1928 年后，任国民政府中央军校教育长、国民政府第五军军长、第四路军总指挥、第九集团军总司令，参加中日淞沪会战。1937 年 11 月，任湖南省主席。1945 年，调任国民党军事委员会政治部部长兼三民主义青年团书记。

但是他与 1938 年 11 月 12 日著名的长沙大火不无关系，这场大火一直烧了五天五夜，3 万多人在大火中丧生，全城 90%以上的房屋被烧毁，共计 5.6 万余栋，经济损失约 10 亿元。

抗日战争胜利前后，任国民党西北行营主任兼新疆省主席，1945 年 8 月 27 日，作为国民党谈判首席代表，为《重庆谈判纪要》的签署作出了贡献。1949 年 4 月，张作为国民政府谈判代表团首席代表，率国民政府代表团赴北京与周恩来为首的中共代表团谈判。6 月，发表《对时局的声明》，宣布脱离国民党阵营，投向人民阵营。9 月，致电陶峙岳将军和新疆包尔汉主席，促成新疆和平解放。

中华人民共和国成立后，任西北军政委员会副主席、全国人民代表大会常务委员会副委员长、国防委员会副主席、全国政协委员会委员、中国国民党革命委员会中央副主席等职。1969 年 4 月 6 日在北京病逝。

一休

一休即一休宗纯。1394—1481，1394 年正月初一生。是日本室町时代禅宗临济宗的著名奇僧，也是著名的诗人、书法家和画家。从小就很聪明。“一休”是他的号，“宗纯”是讳，通常被称作一休。乳名千菊丸，后来又名周建，别号狂云子、瞎驴、梦闺等。他于 1481 年 12 月 12 日（文明十三年 11 月 21 日）病故，享年 88 岁。

马特·达蒙

马特·达蒙，1970 年 10 月 8 日出生于美国马萨诸塞州剑桥市，演员、编剧、制片人。

1988 年，在电影《现代灰姑娘》中首次出镜。1998 年，凭借电影《心灵捕手》获得奥斯卡最佳男主角和金球奖最佳男主角奖提名，并与好友本·阿弗莱克共同获得奥斯卡最佳原创剧本和金球奖最佳编剧奖。同年出演《拯救大兵瑞恩》中名角色大兵瑞恩。2001 年，主演《罗汉》系列首部——《十一罗汉》。2002 年，《谍影重重》系列第一部上映，两个三部曲系列于 2007 年完结。

2007 年，被《人物》杂志评为全球最性感男人，并获得柏林电影节银熊奖杰出艺术贡献奖。7 月 25 日成为第 2343 位留名好莱坞星光大道的明星。2010 年，因出演曼德拉传记电影《成事在人》获得第 82 届奥斯卡最佳男配角提名。2010 年 3 月 27 日，获得第 24 届美国电影艺术奖。2011 年 1 月，北美广播影评人协会颁发乔伊·西格尔人道主义奖。2014 年 1 月 22 日，冬季达沃斯世界经济论坛授予“水晶奖”。

安东尼·德·圣·埃克苏佩里

安东尼·德·圣·埃克苏佩里，又译圣艾修伯里、圣埃克絮佩里、安托万等，1900 年 6 月 29 日生于法国里昂市。飞行家，作家。

安东尼一生喜欢冒险和自由，是一位将生命奉献给法国航空事业的飞行家。服务于航空公司期间，开辟了多条新的飞行航道，孜孜不倦地完成飞行任务。安东尼于二战期间应征入伍，法国战败被纳粹占领期间，他侨居美国。又于归国后重新回到部队。1944 年他在一次飞行任务中失踪，成为一则神秘传奇。

除了飞行，用写作探索灵魂深处的寂寞是他的另一终生所爱。代表作品有童话《小王子》（1943），该书至今全球发行量已达五亿册，被誉为“阅读率仅次于《圣经》的最佳书籍”。其它作品还有小说《南方邮航》（1928）、《夜航》（1931）、《人类的大地》（1939，英译名《风沙星辰》）、《堡垒》《云上的日子》，小说《空军飞行员》（1942）、《要塞》《南方邮航》等。

莎白·巴莱特

莎白·巴莱特即伊丽莎白·芭蕾特·布朗宁，又称勃朗宁夫人或白朗宁夫人，是英国维多利亚时代最受人尊敬的诗人之一。生于 1806 年 3 月 6 日。十五岁时，不幸骑马跌损了脊椎。从此，下肢瘫痪达 24 年。在她 39 岁那年，结识了小她 6 岁的诗人罗伯特·勃朗宁，她那充满着哀怨的生命从此打开了新的一章。她的作品涉及广泛的议题和思想，对艾米丽·狄金森、艾伦·坡等人都有影响。

斯皮尔伯格

史蒂文·斯皮尔伯格 1946 年 12 月 18 日生于美国俄亥俄州的辛辛那提市，犹太人血统，电影导演、编剧和电影制作人。

史蒂文·斯皮尔伯格的第一部电影是在亚利桑那州斯考茨德尔的一家旅馆中拍摄的。

13 岁时，斯皮尔伯格拍摄了一部战争电影《无处容身》，在“峡谷影展”中获奖。

1971 年，斯皮尔伯格导演了他的第一部电视片《决斗》。

1975 年拍摄了电影《大白鲨》，1982 年的电影《E.T.》使史蒂文·斯皮尔伯格首次获得当年的奥斯卡最佳导演奖提名。

1993 年史蒂文·斯皮尔伯格执导的《侏罗纪公园》上映。同年凭借电影《辛德勒的名单》获得奥斯卡最佳影片、最佳导演等多项大奖；1999 再次凭借电影《拯救大兵瑞恩》获得第 71 届奥斯卡最佳导演等多项大奖，2009 年获得第 66 届美国电影电视金球奖终身成就奖。

2013 年《时代》杂志将他列入世纪百个最重要的人物之一。

阿姆斯特朗

阿姆斯特朗 1992 年开始职业自行车生涯，1996 年身患癌症，在艰苦的治疗后重返赛场。1999 年代表美国的邮政车队获得环法大赛的车手总成绩冠军。之后直到 2003 年，他连续五次夺冠，平了西班牙车手安杜兰等创造的环法五连冠的纪录。2004 年与 2005 年再连续夺冠，阿姆斯特朗 10 次参加环法大赛，实现环法车手七连冠，创造了环法历史上的奇迹。但他个人被兴奋剂丑闻缠身，2012 年 8 月 23 日，美国反兴奋剂机构宣布剥夺阿姆斯特朗七个环法自行车赛冠军头衔，并且终身禁赛。

倪萍

倪萍1959年2月16日出生，节目主持人、演员和作家。1979年进入山东艺术学院。1990年进入中国中央电视台，主持了十三届春节联欢晚会和各种大型晚会。1997年出版的《日子》一举迈入畅销书行列。2002年与杨亚洲导演首次合作电影《美丽的大脚》拿下中国电影金鸡奖最佳女主角。此后主演的电影屡获国际大奖，其中包括蒙特利尔国际电影节最佳女演员。曾担任全国青年联合会常委和第九届、十届、十一届全国政协委员。

钱锺书

钱锺书江苏无锡人，原名仰先，字哲良，后改名钟书，字默存，号槐聚，曾用笔名中书君，中国现代著名作家、文学研究家。晓畅多种外文，包括英、法、德语，亦懂拉丁文、意大利文、希腊文、西班牙文等。曾为《毛泽东选集》英文版翻译小组成员。晚年就职于中国社会科学院，任副院长。钱锺书在文学、比较文学、文化批评等领域的成就，推崇者甚至冠以“钱学”。代表作品《围城》。

李叔同

李叔同1880—1942，又名李息霜、李岸、李良，谱名文涛，幼名成蹊，学名广侯，字息霜，别号漱桐。李叔同是著名音乐家、美术教育家、书法家、戏剧活动家，是中国话剧的开拓者之一。他从日本留学归国后，担任过教师、编辑之职，后剃度为僧，法名演音，号弘一，晚号晚晴老人。后被人尊称为弘一法师。1913年受聘为浙江两级师范学校（后改为浙江省立第一师范学校）音乐、图画教师。1915年起又兼任南京高等师范学校音乐、图画教师。南京大学历史上第一首校歌——南京高等师范学校校歌就是由他谱曲的。

心灵修养用语微解

磨练： 使物尖锐，比喻人经受磨练或锻炼，磨练意志，在工作中磨练自己。

成长： 指长大、长成成人，泛指事物走向成熟，摆脱稚嫩的过程。简而言之，就是自身不断变得更好、更强、更成熟的一个变化过程。

责任： 也称责任意识，对责任的理解通常可以分为两个意义。一是指分内应做的事，如职责、尽责任、岗位责任等。二是指没有做好自己工作，而应承担的不利后果或强制性义务。

宽容： 《不列颠百科全书》关于宽容的定义：宽容即允许别人自由行动或判断；耐心而毫无偏见地容忍与自己的观点或公认的观点不一致的意见。我国现代汉语词典中对宽容的解释是：宽大有气量，不计较或不追究。

成功： 就是逐步实现有价值的理想，得到你想要的结果。成就功业、政绩或事业。在人生道路上实现价值目标。可指精神的崇高，即做人的成功。一个人得到社会、历史、人民的认可，无论结果，都可认为他是个成功的人。

生命： 泛指一切具有稳定的物质和能量代谢现象，能回应刺激能进行繁殖的半开放物质系统。生命个体通常都要经历出生、成长和死亡。生命种群则在一代代个体的更替中，经过自然选择发生进化以适应环境。宇宙哲学认为生命是自发重演于现在的合律宇宙精神。

经验： 从多次实践中得到的知识或技能；人亲身经历。效验；验证。 感性经验。在哲学上指人们在同客观事物直接接触的过程中通过感觉器官获得的关于客观事物的现象和外部联系的认识。辩证唯物主义认为，经验是在社会实践中产生的，是客观事物在人们头脑中的反映，是认识的开端。但经验有待于深化，有待上升到理论。在日常生活中，亦指对感性经验所进行的概括总结，或指直接接触客观事物的过程。

平常心：具体表现为对自己做任何事的成功和失败的概率有准确的预测。二是既积极主动，尽力而为，又顺其自然，不苛求事事完美。有从容淡定的自信心。做好每天要做的事情，享受生活，享受做好每一件事情所带来的快乐，就会有足够的力量承担一旦到来的挫折和痛苦。

抗逆力：指物理上物体受到另一物体压迫时的恢复能力；是个体与环境的交互作用。台湾学者称之为"复原力"，香港学者称之为"抗逆力""压弹"，大陆也有学者称之为"心理弹性""韧性"，大致相当于"挫折承受力""耐挫力"等概念，是指一个人处于困难、挫折、失败等逆境时的心理协调和适应能力；在应急管理领域，抗逆力是指社区、服务和基础设施对突发事件后果的承受能力。